L'ABBÉ BOURGEAT

ABRÉGÉ

DE GÉOLOGIE

DEUXIÈME ÉDITION

PARIS

LIBRAIRIE CH. POUSSIELGUE

RUE CASSETTE, 15

1896

ABRÉGÉ

DE GÉOLOGIE

ABRÉGÉ
DE GÉOLOGIE

AVEC DE NOMBREUSES FIGURES DANS LE TEXTE
ET UNE CARTE GÉOLOGIQUE

PAR

M. L'ABBÉ BOURGEAT

DOCTEUR ÈS SCIENCES

PROFESSEUR A LA FACULTÉ CATHOLIQUE DES SCIENCES

DE LILLE

DEUXIÈME ÉDITION, REVUE

PARIS

LIBRAIRIE CH. POUSSIELGUE
RUE CASSETTE, 5

1896

PRÉFACE

DE LA SECONDE ÉDITION

Il est peu d'études qui soient plus intéressantes pour l'homme que celle du globe sur lequel la Providence l'a placé. Rien ne donne en effet une plus grande idée de la sagesse du Créateur, que la série des phases par lesquelles sa main puissante a fait passer la terre. Voir ce globe au début se détacher d'une grande nébuleuse, le voir aux âges lointains avec son enveloppe encore chaude, ses mers étendues et les premiers rudiments de vie jetés à sa surface; puis le suivre dans son refroidissement graduel, contempler les changements de formes organiques dont il a été le théâtre, les éruptions qui l'ont bouleversé, les rides qui l'ont sillonné et qui y ont fait apparaître les continents et les montagnes, n'est-ce pas assister à l'œuvre de Dieu préparant peu à peu la demeure du roi de la création et le séjour passager de son Fils? N'est-ce pas aussi étudier les forces physiques et chimiques à un degré d'énergie que le savant s'efforce en vain d'atteindre ? N'est-ce pas enfin suivre la vie sous ses formes multiples et soumettre au contrôle d'une observation décisive les idées de ceux qui ont osé prétendre que tous les êtres se sont formés par l'évolution d'un type unique ?

Aussi cette étude ne saurait-elle être trop recommandée aux écoles catholiques. Si, dans les programmes officiels, on l'abandonne, parce que sans doute le système transformiste n'y rencontre pas ce qu'il espérait, ce n'est pas une raison pour la négliger dans les établissements où Dieu trouve encore sa place.

La faveur avec laquelle les pensionnats catholiques ont accueilli ce *petit abrégé*, malgré ses nombreuses imperfections, nous est une preuve de l'importance qu'ils attachent à ce genre d'étude. Nous souhaitons que la nouvelle édition que nous en publions soit de nature à répondre à tous leurs désirs; nous n'avons rien omis du moins pour la mettre au courant des résultats incontestés de la science et pour tenir compte des justes observations qui nous ont été faites. Afin de rendre l'étude du livre plus facile, nous avons cru bon de mettre en caractères plus fins dans la seconde partie les questions qui ne nous paraissent pas tout à fait essentielles. C'est aux maîtres qu'il appartiendra de voir s'il est utile de les enseigner aux élèves. C'est des maîtres aussi que nous attendons les observations que les besoins de l'enseignement rendront nécessaires, ne cherchant qu'une chose, procurer la gloire de Dieu en contribuant à le faire mieux connaître dans ses œuvres par les élèves des écoles catholiques.

ABRÉGÉ DE GÉOLOGIE

NOTIONS PRÉLIMINAIRES

Définition et division. — La *géologie* est la science qui a pour objet l'histoire de la terre.

Cette histoire a été écrite à la surface du globe par les phénomènes qui s'y sont succédé ; et comme tout porte à croire que ceux-ci se sont produits sous l'influence de causes analogues à celles qui agissent encore aujourd'hui, le plus sûr moyen de lire les empreintes qu'ils ont laissées est de commencer par l'étude des phénomènes actuels.

De là deux parties dans la géologie : l'histoire du présent et l'histoire du passé.

Mais, avant d'en aborder l'étude, il est nécessaire de rappeler en quelques mots les caractères généraux que présente actuellement la terre et d'exposer sommairement ce que l'astronomie nous enseigne de plus probable sur son origine.

CARACTÈRES PRINCIPAUX QUE PRÉSENTE
ACTUELLEMENT LA TERRE

Sa forme. Sa position. — La terre est un globe de plus de six mille kilomètres de rayon, légèrement aplati à deux points que l'on nomme les *pôles*, et faiblement renflé suivant un grand cercle perpendiculaire au diamètre qui les réunit, et que l'on appelle l'*équateur*. Elle est distante du soleil de plus de trente-six millions de lieues, et fait partie d'un groupe de corps, qui gravitent autour de cet astre, et que l'on nomme les *planètes*.

De même que ces dernières, elle obéit à deux mouvements distincts : l'un de rotation sur elle-même, l'autre de translation autour du soleil. Le premier est uniforme et s'effectue en vingt-quatre heures autour de la ligne des pôles, en donnant lieu aux alternatives du jour et de la nuit ; le second est varié et s'accomplit en un an suivant un plan que l'on appelle *écliptique* et au voisinage duquel toutes les planètes sont situées. En effectuant ce mouvement annuel, la terre entraîne avec elle dans l'espace le globe de la lune, qui lui sert de satellite, et dont le principal effet sur la terre est de produire par son attraction le phénomène des marées.

Sa densité et sa température. — Parmi les éléments constitutifs de la terre, il n'y a d'accessibles à nos observations que ceux qui en forment la surface ou qui s'en trouvent assez rapprochés pour être rejetés par les foyers volcaniques. Mais, si les autres échappent à nos regards, nous ne sommes cependant pas dans une ignorance complète à leur sujet. On sait, en effet, que la densité moyenne des éléments visibles est à peine deux ou trois fois supérieure à celle de l'eau, tandis que celle de l'ensemble du globe la surpasse plus de cinq fois. Il faut donc que ces éléments cachés soient plus pesants que ceux de la surface.

Ils doivent être aussi plus chauds, car toutes les observations faites dans les puits de mine montrent que la température s'élève en moyenne de un degré pour chaque accroissement de trente-deux mètres en profondeur. Si donc ce rapport restait constant, il suffirait de pénétrer à soixante-quatre mille mètres de la surface pour trouver la température de 2000°, à laquelle peu de corps sont capables de résister sans se fondre.

Peut-être une pareille température ne se rencontre-t-elle que beaucoup plus bas ; mais on comprend qu'à raison de l'accroissement constaté, la plupart des géologues regardent la terre comme formée d'un noyau liquide, incandescent, qu'ils appellent la *pyrosphère* [1], et d'une enveloppe mince, à laquelle ils donnent le nom de *croûte* ou d'*écorce*.

Sa surface. — A sa surface extérieure l'écorce terrestre est sillonnée de plis, dont les saillies constituent les continents et les montagnes, et dont les creux forment les réservoirs des mers. Rien n'en saurait mieux donner une idée que les rides dont une pomme se couvre en vieillissant ; et, de même que

1 *Pyrosphère*, qui porte le feu.

ces dernières ne sont qu'une faible fraction du rayon
de la pomme, de même aussi les saillies ou les dépressions de l'écorce terrestre ne sont que de faibles acci-
dents par rapport à l'ensemble de la terre. Les plus
grandes d'entre elles, qui atteignent cependant huit
mille mètres, auraient à peine un millimètre et demi
sur une sphère de un mètre de rayon. On a remarqué

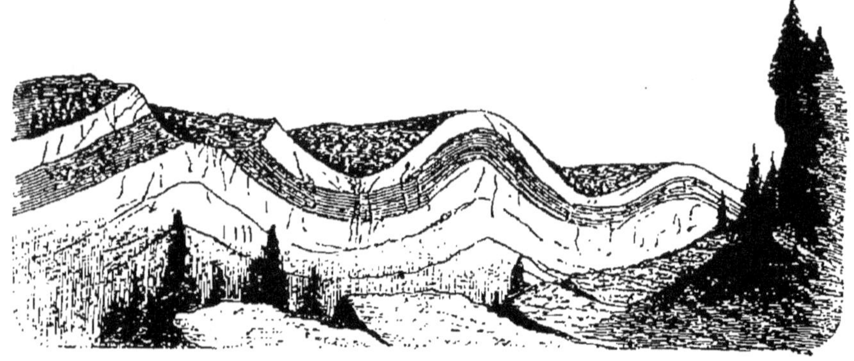

Fig. 1.
Plis du Jura montrant de quelle façon l'écorce terrestre a pu se plisser.

depuis longtemps que *les grands plis qui ont donné
naissance aux continents et aux mers sont à peu près
dirigés du nord au sud* et que la masse principale des
continents est répartie vers le pôle nord. On sait aussi
que ces continents occupent seulement un quart de
la surface de la terre et que leurs plus hautes saillies
se trouvent au voisinage des plus grands abîmes de
l'Océan.

Les climats. — Les continents, comme les mers,
sont recouverts d'une enveloppe gazeuse, *l'atmosphère ou l'air,* dont les éléments principaux sont
l'azote, l'oxygène et l'acide carbonique. La science *ne*

possède encore rien de bien positif sur son épaisseur, mais on sait qu'il s'y produit, sous l'action du soleil, des courants connus sous les noms de vents, d'ouragans ou de cyclones.

C'est, en effet, du soleil que vient la presque totalité de la chaleur répandue sur le globe. Elle serait uniforme, si tous les points étaient également disposés pour la recevoir; mais, en raison de l'inclinaison de l'axe de la terre, les pôles sont beaucoup moins favorisés que l'équateur. De là des différences de climats qui ont fait diviser en trois zones chacune des calottes comprises entre l'équateur et les pôles. La plus voisine de l'équateur s'appelle la zone *torride,* celle qui vient après se nomme la zone *tempérée,* et l'on appelle zone *glaciale* celle au milieu de laquelle l'un ou l'autre *des deux pôles* se trouve situé. L'air, qui s'échauffe dans la première, se dilate, s'élève et se déverse sur les deux autres, qui lui rendent en dessous de l'air froid. C'est là ce qu'on appelle les *vents alisés.* Des mouvements semblables ont lieu dans les parties de l'Océan qui s'étendent de l'équateur aux pôles; ils portent le nom de *courants marins.*

Une autre cause contribue encore à établir des différences dans les climats, c'est l'altitude au-dessus du niveau des mers. On remarque, en effet, que toujours la température s'abaisse à mesure que l'on s'élève, et les observations faites jusqu'à ce jour montrent qu'elle diminue en moyenne d'un degré par cent soixante mètres d'élévation. Il en résulte que même à l'équateur, on peut rencontrer sur les montagnes la température et les espèces végétales des régions polaires.

Des variations analogues de chaleur s'observent aussi dans les mers, mais en sens souvent inverse ; car, dans les régions chaudes, le thermomètre accuse une moins grande température au fond de l'Océan qu'à sa surface. La cause en est due surtout *à des courants sous-marins* qui déversent vers l'équateur les eaux froides des pôles.

ORIGINE DE LA TERRE D'APRÈS L'ASTRONOMIE

Nébuleuse primitive. — D'après l'astronomie, la terre, les planètes et le soleil formaient autrefois une immense nébuleuse, c'est-à-dire un prodigieux amas de matière cosmique, où tous les éléments étaient dissociés. Cette nébuleuse était animée d'un mouvement gyratoire, analogue à celui qu'on observe dans beaucoup de nébuleuses actuelles, et soumise comme elles au refroidissement de l'espace. Avec le temps, elle se condensa, sa vitesse angulaire s'accrut et le moment vint nécessairement où la force centrifuge y fit équilibre à l'attraction vers le centre. Alors il s'en détacha une série d'anneaux, qui tournèrent quelque temps sur eux-mêmes, puis se rompirent et s'amassèrent en boules pour former les planètes. Ce qui resta de la nébuleuse constitua le soleil, dont le disque, d'abord très étendu, se réduisit peu à peu aux dimensions sous lesquelles nous le voyons aujourd'hui.

Une fois formées, les planètes reproduisirent en petit les phases par lesquelles avait passé la nébuleuse

mère. Elles se refroidirent, se contractèrent et proje-
tèrent des anneaux d'où sont nés leurs satellites
actuels. C'est ainsi que la lune put se former aux
dépens de la terre et que Saturne s'entoura de la couronne d'anneaux que nous lui voyons encore aujour-
d'hui.

Formation de l'écorce terrestre. — Avec leurs dimensions réduites les satellites ne purent résister longtemps au rayonnement vers l'espace; ils perdirent
bien vite leur fluidité pour s'encroûter et s'éteindre.
Vint ensuite le tour des planètes qui, d'abord gazeuses
et soumises comme le soleil à des remous incessants
de matières, se liquéfièrent peu à peu. A cet état
leurs éléments finirent par prendre une position
d'équilibre: les plus lourds, tels que les métaux, se
réfugièrent au centre; les plus légers, c'est-à-dire les
gaz et les vapeurs qui existaient encore, se portèrent
à l'extérieur, et ceux qui avaient une densité intermédiaire se placèrent au-dessous des gaz et au-dessous des métaux. Ce fut par ces derniers que com-
mença la solidification de notre globe. La faible
pellicule à laquelle ils donnèrent *d'abord* lieu fut
plusieurs fois rompue et plusieurs fois ressoudée;
mais enfin elle s'épaissit assez et devint assez continue pour isoler le noyau de l'enveloppe gazeuse
extérieure. Celle-ci, séparée de son centre calorifique
et soumise à un refroidissement par toute sa surface
libre, devint bientôt le siège d'abondantes condensa-
tions. L'eau et beaucoup d'autres substances volatiles,
qui jusque-là s'y étaient tenues à l'état de vapeurs,

passèrent à l'état liquide et se précipitèrent en pluie sur le sol, où elles constituèrent l'*Océan*.

Celui-ci fut d'abord sans rivage ; mais, l'écorce terrestre étant obligée de se plisser pour suivre le noyau dans les contractions que le refroidissement ne cessait de lui faire subir, la surface de la terre dut se creuser d'abîmes et se couvrir de saillies. Ces saillies constituèrent les continents et donnèrent lieu aux chaînes de montagnes ; les abîmes formèrent les bassins des mers, dont l'étendue alla sans cesse en diminuant jusqu'au moment où la terre offrit l'aspect qu'elle présente aujourd'hui.

Avenir de la terre. — On doit croire que ce n'est pas là son dernier état ; car, d'après l'hypothèse, elle va toujours en se refroidissant et sa croûte augmente chaque jour d'épaisseur. Comme l'eau des mers y pénètre peu à peu et l'hydrate à ses propres dépens, un moment viendra ou l'océan sera complètement à sec. Alors aussi, d'après toute probabilité, l'air aura disparu dans les pores du sol où nous le voyons se perdre chaque jour ; en sorte que, si le soleil nous rappelle le passé de la terre, la lune, dépourvue d'atmosphère et d'eau, nous montre l'état vers lequel elle s'achemine par un refroidissement continu.

Tel est en quelques mots ce *système du monde*, dont on trouve le principe dans les œuvres de Descartes et dont les traits principaux ont été ébauchés par le mathématicien français Laplace. Si ce n'est encore qu'une *hypothèse*, il faut reconnaître qu'elle s'harmonise admirablement avec ce que nous savons de la forme de la terre, de sa densité, de sa position dans l'espace et de sa constitution rapportée à celle du soleil et des planètes. Presque tous les phénomènes géologiques y trouvent une explication simple; et, en répondant au besoin qu'éprouve l'homme de remonter à l'origine des choses, elle donne à la géologie une remarquable unité.

PREMIÈRE PARTIE

HISTOIRE DU PRÉSENT DE LA TERRE

OU

ÉTUDE DES PHÉNOMÈNES ACTUELS

Les phénomènes actuels sont produits sous l'influence de deux sortes d'agents : les agents *externes*, qu'on appelle aussi *atmosphériques*, parce qu'ils ont leur siège dans l'atmosphère ou en dehors de l'écorce terrestre, et les agents *internes*, que l'on nomme aussi *pyrosphériques*, parce qu'ils paraissent avoir pour centre d'activité la pyrosphère, c'est-à-dire la partie profonde de la terre, où l'on suppose que la matière se trouve à l'état de fusion incandescente.

Ces derniers ont surtout pour effet d'agiter l'écorce terrestre, et d'en augmenter le relief. Ils s'accusent principalement par des actions mécaniques, et ce n'est qu'indirectement qu'ils donnent lieu à un genre spécial de transformations chimiques, que l'on désigne sous le nom de *métamorphisme*.

Les autres, au contraire, ont pour rôle d'effacer le relief du globe. Ils y tendent par une série d'actions fort complexes, dont le résultat final est le ravinement des saillies et le comblement des dépressions.

Nous allons étudier successivement, en deux sections, ces deux genres de phénomènes, en commençant par ceux qui sont dus aux agents externes, parce que ce sont ceux-là qui se présentent le plus fréquemment à nos regards.

PREMIÈRE SECTION

PHÉNOMÈNES DUS AUX AGENTS EXTERNES

CHAPITRE I

ACTION DES AGENTS EXTERNES

Les agents externes sont : *l'air, l'eau* et les *organismes vivants*. Ils agissent parfois simultanément ; comme cela a lieu pour les tempêtes, dans lesquelles l'air et l'eau sont en action ; mais le plus souvent ils ont un rôle indépendant, et méritent à ce titre une étude spéciale.

Phénomènes attribuables à l'air.

Les phénomènes attribuables à l'air sont de deux natures. Tantôt, en effet, ils consistent dans le transport des matières meubles à la surface de la terre ; tantôt, au contraire, ils ont pour effet l'altération des éléments superficiels de l'écorce. Dans le premier cas, on les appelle *phénomènes mécaniques,* et dans le second, *phénomènes chimiques.*

I. — PHÉNOMÈNES MÉCANIQUES

L'action mécanique de l'air se manifeste surtout dans la formation des *dunes,* dans les *érosions* et les *transports* atmosphériques, dans la production des *tempêtes* et dans les phénomènes d'*évaporation*, dont les régions chaudes du globe sont souvent le théâtre.

1. Formation des dunes. — On désigne sous le nom de *dunes* (fig. 2) des collines de sable amoncelées et mues par le vent. Elles se produisent, soit dans l'intérieur des terres, lorsque le sol est meuble et soumis à l'influence d'un vent sec, soit sur les plages à pente douce, lorsqu'elles sont soumises aux marées, et que les vents dominants y soufflent de la mer vers la terre ferme.

Dans ce dernier cas, le phénomène se passe de la manière suivante :

Les grains de sable, apportés par la marée et désagrégés par le soleil au moment du reflux, sont saisis par le vent et poussés vers la terre avec une vitesse qui varie suivant leur grosseur et leur poids. Les plus légers gagnent de vitesse sur les plus lourds, et il se forme de la sorte de petits monticules sur lesquels le vent ne cesse d'agir, entraînant les grains de la pente qui regarde la mer vers le front qui est tourné vers le continent.

C'est ainsi que, grain par grain, chaque monticule se déplace et arrive en des points du rivage où la marée ne l'atteindra plus.

Si, dans sa marche, il rencontre un obstacle, celui-ci, en l'arrêtant, donne aux monticules suivants le temps de le rejoindre. Il grandit alors à leurs dépens, et dépasse l'obstacle ; à chaque nouvel arrêt, il grandit encore, et bientôt il finit par atteindre des dimensions considérables. C'est ainsi que les dunes du golfe de Gascogne ont pu s'élever en certains points à 75 mètres de hauteur, et qu'on en rencontre, sur les côtes de Cornouailles, qui ne mesurent pas moins de 100 mètres d'élévation.

D'après ce qui vient d'être dit, on voit que les dunes littorales ne peuvent se produire qu'autant que les éléments de la plage sont mis à découvert par le jeu des marées, et qu'ils se laissent facilement séparer sous l'action du soleil et du vent. De là vient que les dunes sont nulles ou très faibles sur les bords de la

Fig. 2. — Aspect des dunes.

Méditerranée, où le phénomène du flux et du reflux ne se fait que faiblement sentir, et qu'il ne s'en produit point à la baie du mont Saint-Michel, dont le sable, très mobile dans l'eau, s'affermit beaucoup lorsqu'il est exposé à l'air.

Dans l'intérieur des terres, les dunes se forment et se déplacent de la même façon qu'aux bords de l'Océan ; mais elle atteignent rarement une aussi grande élévation. Les plus importantes sont celles du continent africain. On sait quels dangers ces dunes font courir aux voyageurs, lorsque les sables qui les forment sont soulevés par le vent.

Effet des dunes. — Dans leur déplacement à la surface du sol, les dunes stérilisent les terres, détruisent les forêts et ensevelissent les habitations. Elles barrent la route aux fleuves, qui se transforment en lacs, ou s'infléchissent pour trouver une nouvelle issue. C'est ainsi que, près du golfe de Gascogne, toute la région des Landes a été transformée en un désert de sable entrecoupé d'étangs, et que les cours d'eau qui la sillonnent sont contraints de décrire un long circuit pour arriver à la mer.

Le seul moyen d'arrêter ce fléau est de fixer les dunes par des plantations qui, brisant le vent et entremêlant leurs racines au sable, y maintiennent une constante humidité. Sur le littoral de la mer du Nord, ce rôle est dévolu à des herbes qu'on appelle *hoyas*, dont chaque touffe immobilise à peu près un mètre cube de sable. Dans les Landes, les dunes sont maintenues par des *pins maritimes*, qui constituent maintenant de fort belles forêts, et auxquels beaucoup de villages, naguère encore menacés, doivent leur richesse et leur sécurité présente.

Vitesse de progression des dunes ; leur forme. — Rien n'est plus variable que la vitesse de progression des dunes. Il en est qui semblent s'agiter sur place, et d'autres qui parcourent plusieurs centaines de mètres dans l'intervalle d'une année. Les dunes landaises avaient, avant leur fixation, une vitesse de 20 mètres par an ; mais cette vitesse a dû changer beaucoup depuis leur apparition. Un document du IVe siècle fait supposer qu'elle était nulle à l'époque galloromaine. C'était grâce, sans doute, à l'existence de forêts de chênes, dont elles renferment les débris. On ne peut donc, comme on l'a plusieurs fois tenté, déduire leur âge de la distance à laquelle elles se trouvent maintenant du littoral.

2. Érosions et transports atmosphériques. — Les *érosions atmosphériques* sont des désagrégations du sol, produites sous la seule action du vent. On en comprendra l'importance, si l'on songe qu'au moment des grands ouragans, la vitesse de l'air est capable d'atteindre 45 mètres par seconde, ou 162 kilomètres

Fig. 3. — Vallée d'érosion dans une plaine d'Espagne.

à l'heure. Sa pression est alors de plus de 250 kilo-grammes sur une surface de 1 mètre carré. Aussi, dans certaines gorges, où la violence du vent est obligée de se concentrer, les roches subissent-elles un émiettement continu. C'est ainsi que, d'après un voyageur allemand, on trouve dans des régions presque constamment sèches de l'Afrique centrale des blocs de granit taillés en forme de poires par la seule pression de l'air.

C'est en partie aussi par suite de l'action du vent qu'à Saint-Mihiel il existe une pierre en forme de table, soutenue par un faible support, et que son aspect étrange a fait appeler la *table du diable*. Si l'on en croit même certains géologues suisses, le vent aurait été capable de saisir dans ses tourbillons, et de réunir en amas, des débris de roches qui forment aux Alpes d'énormes piliers que l'on croirait élevés de main d'hommes.

Quant au transport des matières, c'est un fait très commun dans le voisinage des volcans. On sait, en effet, qu'en 472, les cendres du Vésuve atteignirent Constantinople ; qu'en 1875, celles des volcans d'Islande inondèrent la ville de Stockholm, et qu'en 1883, celles des volcans de Java arri-vèrent jusqu'en Europe, sous l'influence des vents alisés.

Le vent saisit aussi des matières organiques, telles que des graines, des spores de végétaux, ou de petits animalcules, et il les projette souvent très loin. Ainsi s'expliquent ces pluies sèches du nord de l'Afrique, que l'on désigne souvent sous le nom de pluies de *sang*, parce qu'elles sont dues à des organismes rou-geâtres dont plusieurs espèces paraissent provenir d'Amérique.

Action des tempêtes. — Les tempêtes sont, comme on le sait, le résultat de l'action prolongée du vent sur de grandes nappes d'eau. Elles débutent généralement par de faibles rides qui, s'élevant et s'élargissant peu à peu, finissent par atteindre des dimensions considérables sous lesquelles elles portent le nom de lames, de vagues ou de flots. En pleine mer déjà, les vagues sont capables d'atteindre une hauteur considérable ; mais elles deviennent énormes lorsque le mouvement des flots est gêné par le sol. La vitesse perdue horizontalement se transforme alors en efforts verticaux, et donne lieu à des jets liquides qui peuvent atteindre 20, 30, ou même 40 mètres. C'est ainsi qu'en Écosse, le phare de Bell-Rock, haut de 34 mètres, est souvent enseveli par la lame, et qu'à celui d'Eddystone, on voit le flot s'élever à plus de 50 mètres, déversant en un seul coup, par-dessus les rochers, plus de 2,000 *mètres cubes* d'eau.

Effets produits par les tempêtes. — Les effets produits par de pareilles masses de liquide varient, suivant

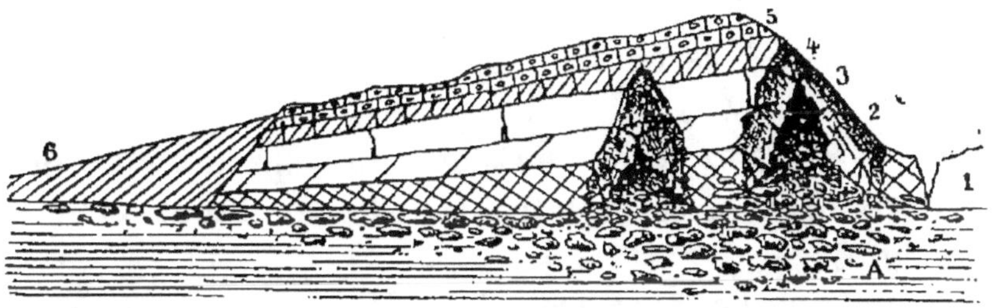

Fig. 4. — Vue des falaises du Blanc-Nez avec les éboulements auxquels elles donnent lieu.

que les vagues se heurtent à des rochers abrupts, ou qu'elles expirent sur des plages doucement inclinées.

Dans le premier cas, les flots se précipitent par-dessus les écueils et les talus du bord, et bondissent contre les falaises, dont ils minent la base. Bientôt les parties en surplomb s'écroulent et couvrent la plage d'un amas de débris. Ceux-ci, repris par la mer, sont roulés, divisés, arrondis et transformés en galets qui, aux grandes eaux, viennent battre la terre ferme avec un sourd bruissement. Toutes les côtes fendillées et friables du nord de la France sont entourées de débris de ce genre, et l'on ne peut visiter les falaises

Fig. 5.
Ile du groupe des Orcades découpée par la tempête (d'après Lyell).

du Blanc-Nez, près de Calais, ou celles des environs de Boulogne, sans y trouver de nombreux éboulis (fig. 4).

Mais nulle part les effets des tempêtes ne s'accusent mieux que dans les mers d'Écosse, où d'anciens îlots ont été tellement découpés, qu'il n'en reste plus que des colonnes droites, ressemblant de loin à la mâture d'un navire submergé (fig. 5). Ils sont aussi fort intenses sur les côtes du Danemark, en particulier sur l'île d'Héligoland, qui a perdu les trois quarts de son étendue depuis moins de cinq siècles.

Si la plage est douce, la vague rencontre le rivage
sous une incidence trop faible pour y produire un
travail de désagrégation sérieuse ; mais alors un phénomène inverse se produit. Tout ce que la vague
apporte avec elle de sable, de gravier et de galets se
dépose à mesure que le frottement du fond en ralentit

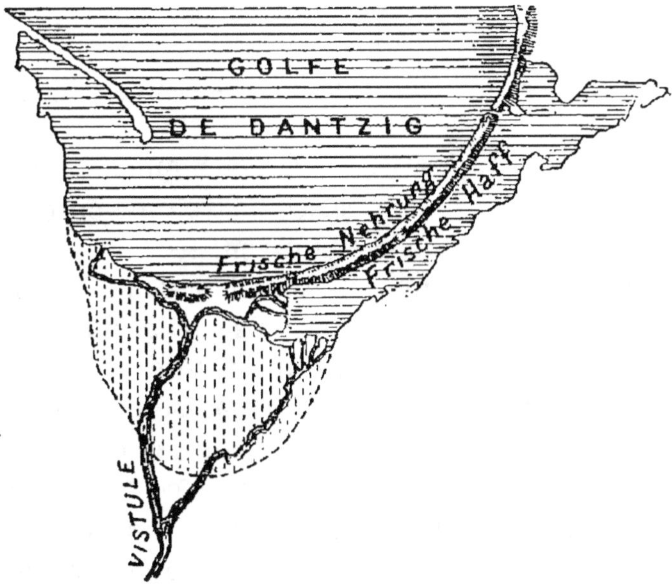

Fig. 6. — Aspect des Nehrungen du golfe de Dantzig.

la vitesse. Et comme le flot de retour ne peut
reprendre que des matériaux légers, les plus gros
restent sur la plage, où ils constituent des collines,
que l'on nomme *levées de galets* ou *cordons littoraux*.

Quelques-unes d'entre ces collines se sont infléchies
sous la pression de l'onde et du vent, et ont formé
des courbes à concavité tournée vers la mer. De ce
nombre sont celles du golfe de Dantzig, que l'on
appelle Nehrungen, et qui, en s'avançant peu à peu
vers la côte, ont fini par y produire, aux dépens de

la mer, de grandes lagunes, où la Vistule vient déposer ses alluvions (fig. 6).

Il faut noter toutefois que l'action de la tempête sur les rivages abrupts est loin de produire toujours les mêmes effets. Ses ravages sont énormes lorsque les falaises sont à nu, mais lorsqu'elles ont été minées, et qu'il s'y est produit des éboulements, les matériaux tombés forment un rempart aux rochers, et la mer ne peut les désagréger à nouveau qu'autant que ces matières meubles ont été broyées et jetées vers le large.

Phénomène d'évaporation. — Ce phénomène consiste essentiellement dans les pertes de volume éprouvées par l'eau, sous l'influence d'un vent sec.

Il est généralement peu sensible dans les mers étendues, parce que les courants aériens, qui en parcourent la surface, se saturant vite d'humidité, glissent ensuite sur le reste de la masse liquide, sans en enlever la vapeur. Mais il atteint des proportions considérables lorsque l'eau est renfermée dans des bassins étroits, et qu'elle est en même temps soumise à une température élevée. C'est ce qui a lieu surtout à l'est de la Caspienne, à l'embouchure du Rhône et sur les côtes septentrionales de l'Afrique.

A l'est de la Caspienne, l'évaporation se fait principalement sentir sur un golfe étroit, que les habitants du pays appellent Kara-Boghaz, ou Gouffre noir. Les vents, qui y soufflent du désert, en écument si bien la surface, que l'eau du large doit se précipiter en flots impétueux à travers un étroit canal, pour y rétablir l'équilibre. A l'embouchure du Rhône et sur les côtes septentrionales de l'Afrique, le phénomène a pour théâtre les nombreux étangs qui découpent le littoral. Quelques-uns d'entre eux restent en communication avec la mer et peuvent, comme le Kara-Boghaz, réparer chaque jour les pertes qu'ils subissent ; mais d'autres en sont isolés par des digues, et baissent constamment de niveau. En ces derniers, la vie devient plus rare à mesure que les eaux se concentrent ; elle finit même par disparaître complètement, et l'on voit ensuite se précipiter sur le fond du bassin les matières salines, que le liquide ne peut plus retenir en dissolution. C'est probablement à la suite d'évaporations de cette nature que se sont autrefois formés les dépôts de sel gemme et de gypse, que l'on rencontre dans la terre, et qui sont ordinairement très pauvres en débris organiques. Tout porte à croire qu'un jour viendra où les eaux concentrées du Kara-Boghaz précipiteront du sel.

II. — PHÉNOMÈNES CHIMIQUES

Les phénomènes chimiques attribuables à l'air ont principalement pour causes l'acide carbonique et l'oxygène. Un très petit nombre seulement se produisent sous l'influence des autres éléments atmosphériques et n'acquièrent pas une intensité suffisante pour être rapportés ici.

Action de l'acide carbonique. — L'acide carbonique obéit surtout à son affinité pour les bases ; il attaque peu à peu les substances riches en alcalis, et finit par les désagréger. Son action est surtout remarquable sur les roches granitiques, et en particulier sur un de leurs éléments, le *feldspath*, à cause de la grande quantité de potasse qui s'y trouve contenue. Celle-ci se combine insensiblement avec l'acide, et peu à peu le granit perd sa cohésion et son brillant pour former une matière pulvérulente, où des grains de sable cristallins, que l'on nomme *arène,* se trouvent mêlés à une matière terreuse blanche, que l'on appelle *kaolin.* C'est avec cette matière terreuse que se fabrique la porcelaine. Elle se trouve abondamment dans les roches granitiques des environs de Limoges.

L'acide carbonique attaque aussi souvent les roches calcaires, et y produit des altérations considérables, lorsque surtout les régions sont sujettes à d'abondantes pluies. C'est ainsi que, sous son action, la surface du sol, en Carniole, se creuse de poches tapissées d'une terre rougeâtre, provenant de la décomposition des calcaires, et que, sur beaucoup de rochers de la Suisse, il se forme des sillons que l'on nomme *lapiez.*

Action de l'oxygène. — L'oxygène a pour rôle essentiel de brûler les matières sulfureuses ou charbonneuses qui se trouvent à son contact. Les premières donnent ainsi lieu à des sulfates, et les secondes à de l'acide carbonique, qui se dégage en laissant la substance beaucoup plus blanche qu'auparavant. La production des sulfates est facile à constater sur les pyrites ou nodules de *sulfure* de fer, de la formule $Fe\,S^2$, que l'on rencontre en grand nombre dans la craie, et qui constituent l'enveloppe de certains fossiles des terrains secondaires. Lorsqu'en effet ces derniers sont exposés à l'air, on les voit se ternir et se désagréger peu à peu. Quant à la combustion des matières charbonneuses, elle s'observe sans peine sur les roches bitumeuses, dont la surface devient plus claire que l'intérieur. C'est par suite de ces phénomènes que les pierres du calcaire carbonifère de Belgique perdent insensiblement leur couleur noire lorsqu'elles ont été retirées de la carrière et employées dans les constructions.

L'eau favorise beaucoup les actions chimiques de l'air, soit en l'entraînant à sa suite, dans l'intérieur du globe, soit en enlevant les débris des matières attaquées. De là vient que, sous les climats humides et

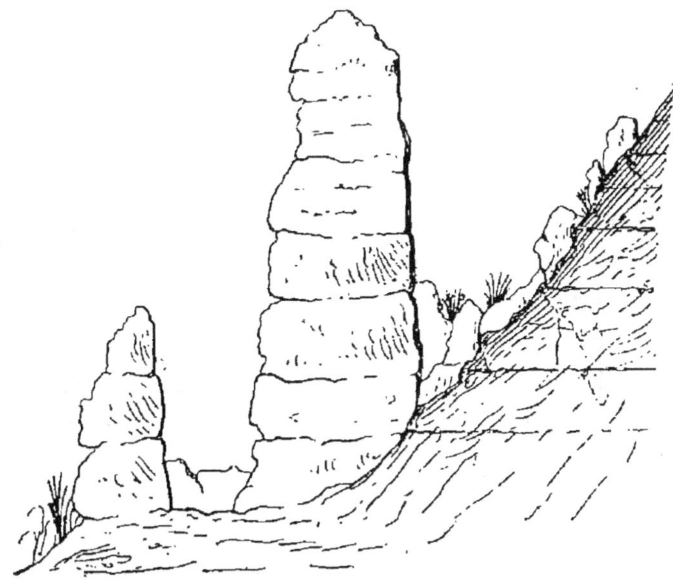

Fig. 7. — Colonnes de pierre isolées par l'action de l'atmosphère
dans le voisinage de Poligny.

dans les roches poreuses, ces actions sont beaucoup plus considérables, à égalité de résistance, que dans celles qui sont inaccessibles à l'eau. Un des exemples les plus curieux que l'on puisse citer de l'action combinée de l'atmosphère et de l'eau, est celui de la production des piliers calcaires, que l'on observe au voisinage de Poligny, dans le Jura (fig. 7), et qui sont formés d'une série de couches, dont le raccordement avec celle des massifs environnants est visible aux regards. Nous verrons plus loin qu'à son tour l'air dissous favorise puissamment l'action chimique de l'eau.

1*

CHAPITRE II

PHÉNOMÈNES ATTRIBUABLES A L'EAU

De même que les précédents, ces phénomènes se divisent en deux catégories : les phénomènes *mécaniques*, ou de transport, et les phénomènes *chimiques*, ou d'altération. Pour produire les premiers, l'eau peut agir sous l'un quelconque de ses trois états, mais elle ne donne lieu aux seconds qu'autant qu'elle n'est pas congelée.

I. — Action mécanique de l'eau.

I. — ACTION DE L'EAU A L'ÉTAT LIQUIDE

Sous sa forme ordinaire, ou à l'état liquide, l'eau donne lieu au phénomène du *ruissellement*, à la formation des *torrents*, à la production des *sources*, au travail des *fleuves* et aux différents phénomènes de *désagrégation* et de *transport* dont les eaux de la mer sont sans cesse le théâtre.

1. Phénomène du ruissellement. — Le phénomène du ruissellement est une conséquence de la pluie. Il consiste essentiellement dans l'écoulement rapide des eaux provenant des précipitations atmosphériques.

Lorsque, en effet, ces eaux arrivent sur la terre, elles peuvent rencontrer des roches perméables et fissurées, comme le sont les calcaires où elles s'engouffrent, ou bien tomber sur des terres argileuses qui s'opposent à leur introduction dans le sol. Dans ce dernier

Fig. 8. — Pyramides de terre produites par le ruissellement, à la Mure, en Dauphiné.

cas, les gouttes s'unissent l'une à l'autre et, pour peu que le sol soit en pente, elles forment bientôt des filets liquides qui descendent vers le fond des vallées en délayant les argiles et en ravinant les sables. C'est à ces eaux que l'on donne le nom d'eaux *sauvages*, et c'est de leur union que naissent les torrents. Elles cessent de couler dès qu'a cessé la pluie qui leur a donné naissance, mais en disparaissant elles laissent la surface du sol entaillée de sillons. Ceux-ci grandissent à chaque nouvelle pluie et deviennent parfois si considérables que le terrain se découpe én longues aiguilles pyramidales. Parmi ces aiguilles, les plus remarquables que l'on connaisse en Europe sont celles de Botzen, dans le Tyrol, de Saint-Gervais-les-Bains, en Savoie, et de la Mure, dans la partie méridionale du Dauphiné (fig. 8). Toutes sont formées d'argile et surmontées d'un bloc de pierre, à qui elles doivent leur conservation et qui s'écroule lorsque la base en a été minée par les eaux.

L'une des causes qui favorisent le plus le ruissellement est la culture; elle supprime les arbres, enlève le tapis végétal et permet aux eaux de pluie d'arriver en contact immédiat avec la surface imperméable du sol. Aussi les régions qui ont subi le travail de l'homme sont-elles beaucoup plus sujettes aux inondations que celles qui sont couvertes de forêts. Dans ces dernières, les mousses surtout ont une action régulatrice considérable, car elles peuvent retenir plus de cinq fois leur poids d'eau dans la masse spongieuse de leurs tiges et de leurs feuilles.

2. Travail des torrents. — Les torrents sont des cours d'eau irréguliers qui naissent du ruissellement et qui n'ont comme ce dernier phénomène qu'une courte durée. On peut toujours diviser l'ensemble de leur parcours en trois tronçons distincts : un tronçon supérieur, un tronçon moyen et un tronçon inférieur (fig. 9). Le tronçon supérieur est la partie du torrent où le ruissellement s'effectue; il est parcouru par mille petits ruisseaux qui viennent converger sur le tronçon moyen à la façon des rameaux d'un arbre. Sa forme en entonnoir évasé l'a fait appeler *cône d'érosion*. Le tronçon moyen est celui vers lequel viennent converger tous les filets liquides, et, comme il a l'aspect d'un chenal étroit, on l'appelle le *canal d'écoulement*. Le tronçon inférieur est la partie du lit

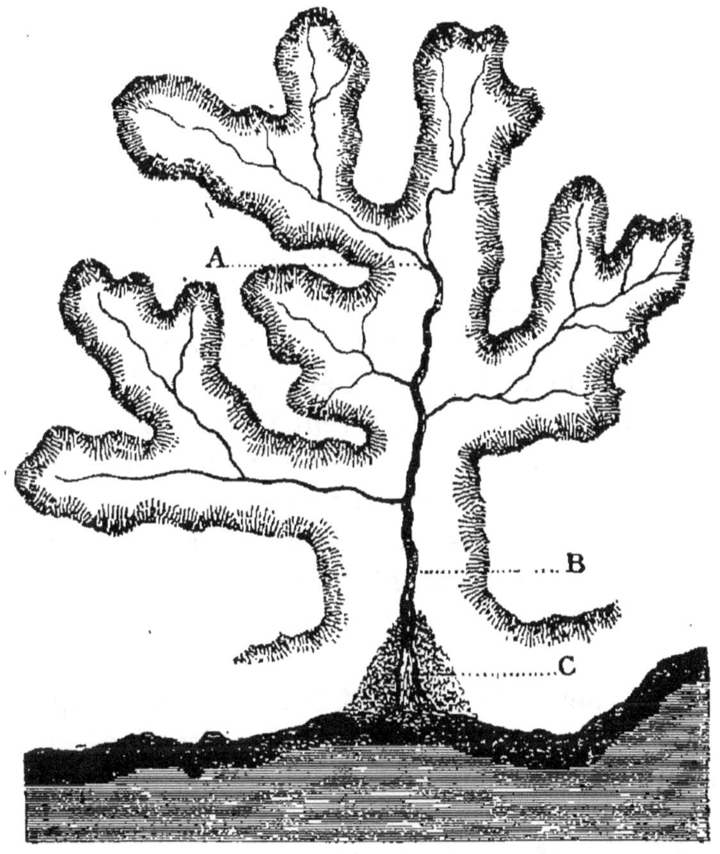

Fig. 9. — Vue des différentes parties d'un torrent.

A. Cône d'érosion.
B. Canal d'écoulement.
C. Cône de déjection ou de dépôt.

où le torrent perd sa vitesse et abandonne les matières entraînées sous la forme d'un cône aplati dont la pointe est tournée vers le sommet de la montagne. On l'appelle le cône de *déjection* ou de *débris*.

L'entraînement des matières meubles s'explique par la grande densité qu'acquièrent les eaux du torrent et par l'augmentation de vitesse qu'elles subissent en descendant vers la plaine. On sait, en effet, que les corps sont d'autant moins pesants au sein d'un liquide que celui-ci est plus lourd, et que plus sa vitesse est grande plus ses efforts sont violents. Or, quand un torrent se forme, le premier travail de l'eau consiste à délayer les argiles et les marnes. Il en résulte pour elle un accroissement de densité, et comme sa vitesse augmente aussi à la façon de celle d'un corps qui descend sur un plan incliné, elle devient bientôt capable de soutenir et d'entraîner des substances qu'autrement elle n'aurait pu soulever. Sous le choc répété de ces masses solides, le lit s'ébranle et se déchire; il s'en détache des blocs énormes qui s'écroulent avec fracas, et bientôt le torrent n'apparaît plus que comme une masse boueuse d'une violence irrésistible. C'est ainsi qu'on a vu parfois sur les montagnes du Valais des masses plastiques d'un noir d'encre se précipiter vers la plaine en entraînant à leur surface des blocs de pierre de plusieurs mètres cubes de dimension.

Tous ces débris se déposent brusquement lorsqu'ils arrivent au fond des vallées. Leur ensemble forme ainsi l'amas confus du cône de déjection où s'entremêlent des argiles, des sables, des galets, des blocs arrondis et parfois même des blocs anguleux. Là le torrent, devenu moins impétueux, se trace des rigoles, en charriant vers les fleuves les éléments les plus légers.

Production des sources. — A l'inverse des torrents, qui naissent des eaux superficielles et qui ont un régime si capricieux, les sources sont constituées par les eaux engagées dans l'intérieur de l'écorce, et se font remarquer par la régularité de leur débit. Les terrains les plus favorables à leur formation sont ceux qui sont les plus perméables, comme les calcaires et les sables. Lorsque l'eau des pluies s'est engagée dans ces terrains et y a cheminé quelque temps, elle finit toujours par rencontrer une couche imperméable qui l'arrête. Alors, si celle-ci a la forme d'un fond de cuvette, le liquide, ne trouvant aucune issue, donne

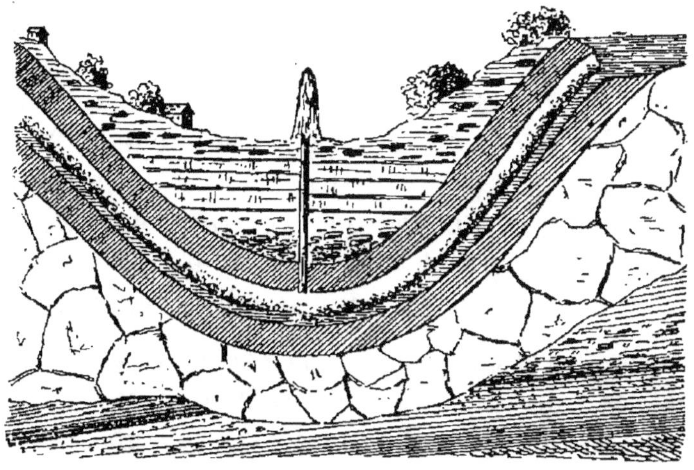

Fig. 10 — Coupe théorique d'un puits artésien.

naissance à des étangs souterrains; mais, si elle est inclinée ou rompue, l'eau s'en échappe en donnant la source. Celle-ci est d'autant plus abondante que la surface de réception des eaux est plus étendue et plus exposée aux averses; elle est d'autant plus régulière que les variations de sécheresse et d'humidité se font moins sentir sur le liquide entraîné dans les interstices de l'écorce.

Puits artésiens. — Il arrive quelquefois que les eaux qui ont pénétré dans l'intérieur du sol se trouvent engagées entre deux couches imperméables en forme de fond de bateau, dont l'une sert de cuvette aux eaux et dont l'autre les empêche de revenir à la surface. On peut alors en favoriser artificiellement la sortie en perçant la couche imperméable supérieure. L'eau s'élance alors par l'ouverture pour atteindre le niveau qu'elle présente sur les bords et produit même un jet si ces derniers sont sensiblement plus élevés que le point où l'ouverture a été pratiquée. C'est à des puits de cette nature que l'on donne le nom de puits *artésiens*, parce qu'on croit que c'est en Artois que les premiers ont été ouverts (fig. 10). Il en existe un très remarquable à Paris sur la place de Grenelle. L'eau qui s'en échappe provient des collines de la Champagne, où elle s'est engagée entre deux couches argileuses, qui supportent la craie et qui s'infléchissent au-dessous de la capitale pour se relever vers l'ouest.

Température des sources. — En pénétrant ainsi dans le sol, les eaux pluviales en prennent peu à peu la température. De là vient que les sources sont d'autant plus chaudes que le liquide a pénétré plus bas. L'eau du puits de Grenelle, qui vient de 548 mètres de profondeur, accuse une chaleur de 28°, c'est-à-dire 15° de plus que la moyenne annuelle de la ville de Paris ; et l'on peut croire que c'est à cet échauffement aux grandes profondeurs de la terre que beaucoup des sources minérales doivent leur température élevée.

Effet des sources. — Bien qu'elles n'entraînent pas violemment les matières meubles, comme le font les torrents, les sources ne sont cependant pas sans action sur les éléments de l'écorce terrestre. Car, outre qu'elles peuvent dissoudre les calcaires, comme nous le verrons plus loin, elles délayent souvent les árgiles qui les supportent et produisent des cavités au-dessus desquelles les terrains restés sans appui s'écroulent avec fracas. Il paraît que beaucoup de tremblements de terre de la Suisse ne sont dus qu'à des éboulements de cette nature, et c'est probablement par suite d'une érosion souterraine que fut produit le terrible éboulement qui désola dernièrement la vallée d'Elm, en ce pays [1].

Travail des fleuves. — De la réunion des sources et des torrents naissent les grands cours d'eau que l'on nomme les fleuves. Leur régime tient à la fois de celui des sources et de celui des torrents, et l'on peut, comme pour ces derniers, diviser leur parcours en trois tronçons : un tronçon d'affouillement, un tronçon de transport, et un tronçon de dépôt.

Le tronçon d'affouillement n'offre rien qui le distingue de celui des torrents. Mais le tronçon de transport est remarquable par les *divagations* des eaux, et le tronçon de dépôt par la production des *deltas*.

Divagations des eaux. — Les *divagations* des eaux sont dues à l'encombrement du lit du fleuve par les matières meubles amenées à chaque crue. A ces moments, en effet, les sables et les graviers sont charriés en très grande abondance par suite de l'accroissement de vitesse et de densité de l'eau. Lorsqu'ensuite la crue cesse, une grande partie de la masse entraînée se dépose au fond du lit, qui s'exhausse peu à peu et

---

[1] Beaucoup des grottes si justement admirées des touristes n'ont pas d'autre origine. Celle d'Adelsberg, en Carniole, correspond à l'ancien lit d'une rivière souterraine; celle du Han, en Belgique, est encore parcourue par les eaux de la Lesse, et l'on a découvert récemment, sous les plateaux calcaires des *causses* de la Lozère et du Gard, toute une série de galeries fantastiques sillonnées de cours d'eau qui les approfondissent chaque jour.

qui devient bientôt trop étroit et trop peu profond pour contenir le fleuve. Celui-ci se déverse alors par-dessus le bord, et se répand dans la plaine, où il se creuse un lit nouveau. A son tour ce second lit s'élève, et fait place à un troisième, à un qua-

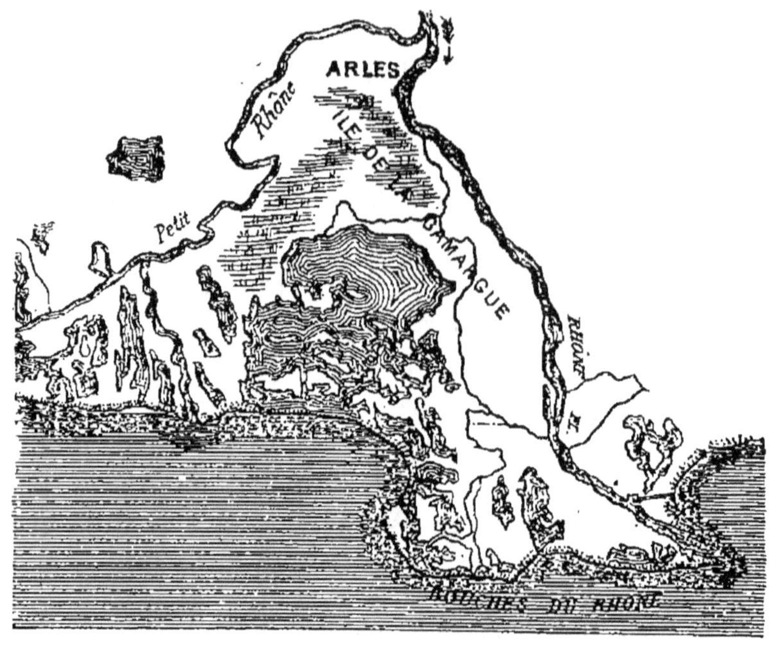

Fig. 11. — Delta du Rhône avec les étangs marins qui le découpent.

trième, etc.; et c'est ainsi que peu à peu le cours d'eau finit par recouvrir toute la campagne de ses débris. On ne peut arrêter ses divagations qu'en le retenant par des levées ou des digues, comme l'ont fait les riverains du Pô. Mais alors, le lit s'exhaussant constamment, l'homme doit veiller sans cesse à élever les barrières s'il veut prévenir les inondations du fleuve. C'est ainsi qu'à Ferrare les travaux des riverains ont amené le Pô à couler beaucoup au-dessus des campagnes voisines et que son lit présente l'aspect d'une large chaussée dépassant en hauteur un certain nombre de maisons.

Le Nil, au contraire, est le type des fleuves à débordements libres. Chaque année ses eaux se répandent sur la plaine de l'Égypte, qu'elles exhaussent peu à peu, en la couvrant d'un fertilisant limon.

Production des deltas. — A leur arrivée dans la mer, les fleuves perdent ce qui leur reste de vitesse. Alors, si le rivage est en pente douce, et qu'il n'y ait ni courant ni marée capable d'entraîner au loin les matières charriées, celles-ci se précipitent sur place et forment peu à peu un promontoire triangulaire que l'on nomme *delta* à cause de sa grande ressemblance avec la lettre grecque de ce nom. Un delta débute toujours par un chenal étroit qui se prolonge en un remblai sous-marin désigné du nom de *barre*. Bientôt le chenal s'exhausse, et le fleuve, se déversant par-dessus bord, donne naissance à une série de divisions ou de *diramations*, qui en multiplient les embouchures.

Les fleuves qui réalisent le mieux les conditions requises pour la production de ce phénomène sont ceux qui se déchargent dans des mers intérieures. Tels sont le Rhône, le Tibre, le Pô, l'Adige, le Nil, le Danube, la Vistule et le Volga. Parmi ceux qui se jettent dans les grands océans, on ne peut guère citer comme donnant naissance à des deltas que le Gange, aux Indes, et le fleuve Jaune, en Chine. Ils doivent ce privilège à l'énorme quantité de matières alluviales qu'ils charrient et à la faible profondeur du littoral qui les reçoit.

C'est entre ces deux catégories de fleuves que se place le Mississipi. Le golfe du Mexique, où il débouche, se rapproche beaucoup, en effet, d'une mer intérieure ; et comme les marées y sont faibles et les courants peu sensibles, ce gigantesque cours d'eau peut produire un magnifique delta avec la quantité prodigieuse de matières qu'il tient en suspension.

Pour bien comprendre de quelle façon se produit un delta, il suffit d'étudier le grand fleuve du Rhône, remarquable à la fois par la grande vitesse de ses eaux et par les variations de régime auxquelles il est soumis. Jusqu'au lac de Genève, ce fleuve n'est qu'un torrent impétueux, dont la couleur blanchâtre est due à la grande quantité de matières meubles qu'il entraîne des Alpes. A son arrivée à la pointe nord du lac, il produit un premier delta, ou cône de déjection lacustre. Il en sort ensuite clarifié ; mais, recevant sur sa gauche les rivières limoneuses de l'Arve et de l'Isère, et sur sa droite celle de la Saône, qui lui apporte les alluvions des Vosges et du Jura, il reprend bientôt son aspect laiteux et roule ainsi jusqu'à Arles, en affouillant ses berges et en déplaçant son lit. A cette dernière ville il n'a plus une vitesse suffisante pour entraîner tout son limon. Son lit s'obstrue alors et se divise en deux bras : le grand Rhône à l'est et le petit Rhône à l'ouest (fig. 11). Ceux-ci se subdivisent à leur tour et donnent naissance à une multitude d'embouchures où les alluvions se déposent. Il se forme ainsi un promontoire coupé d'étangs et de lacs, qui s'avance en moyenne chaque année de 20 mètres dans la mer, grâce aux 21 000 000 de mètres cubes de limon déversés par le fleuve.

La quantité que charrie le Pô est deux fois plus considérable. Aussi son delta gagne-t-il de 70 mètres par an ; ce qui permet de croire qu'un jour viendra où le nord de l'Adriatique sera complètement comblé.

Déjà la ville d'Adria, qui était un port au temps d'Auguste, se trouve maintenant à huit lieues du rivage.

Le Nil est également très riche en matières limoneuses; mais, comme il est sujet à des débordements réguliers, la plus grande partie de son limon se répand dans la plaine de l'Égypte. Les particules qui restent viennent se jeter dans la Méditerranée sur un rivage profond et exposé à des courants marins qui les entraînent vers l'Asie Mineure. De là vient que le delta ne progresse plus d'une façon sensible. Il est probable qu'autrefois les détritus apportés étaient arrêtés sur le rivage par un cordon d'îlots, que le delta a dépassé depuis.

C'est à un cordon de ce genre, formé des Nehrungen, qu'est dû le rapide accroissement du delta de la Vistule, moins riche cependant que le Nil en matières alluviales (fig. 6).

Influence de l'homme. — L'homme exerce une influence considérable sur la production des deltas, soit qu'en déboisant les terres, pour les soumettre à la culture, il favorise l'érosion, soit qu'en endiguant les fleuves il les contraigne à porter une plus grande quantité de limon vers la mer. Cette influence est surtout sensible dans le bassin du Pô et du Mississipi, dont les deltas ont augmenté considérablement depuis que d'importantes forêts ont été détruites. Un moment arrive cependant pour tout fleuve où l'érosion ayant abaissé les hauteurs d'où il descend et comblé les abîmes où il se déverse, la quantité des matières charriées diminue à mesure que la pente générale devient plus faible. Comme c'est l'état vers lequel s'acheminent tous les peuples connus, on ne saurait détruire la vitesse d'accroissement que présentaient autrefois leurs deltas, de celles qu'ils offrent aujourd'hui. De là l'inanité des calculs que l'on a faits d'après la vitesse d'alluvionnement du Nil pour retrouver l'âge de l'industrie humaine ensevelis dans le limon.

Phénomènes de désagrégation et de transport dont la mer est le siège. — Au sein des mers l'action de l'eau n'est pas moins considérable qu'à la surface des continents. On sait déjà quel puissant travail de désagrégation produisent les tempêtes, lorsque le flot vient se briser contre des rivages escarpés. Mais à cette cause s'en ajoutent deux autres : les marées et les courants.

Action de la marée. — La marée est le mouvement de flux et de reflux qui se produit chaque jour dans les mers étendues et qui a pour cause l'attraction de la lune sur les eaux. Ce mouvement se fait peu sentir au large de l'océan, mais il acquiert des proportions considérables sur les rivages fortement découpés, ainsi que dans la plupart des détroits. Là, en effet, le liquide, retardé dans sa marche, s'élève, se presse et finit par constituer un grand bélier qui bat incessamment la côte. C'est ainsi que presque tous les rivages de la Manche se minent peu à peu même aux époques de calme, et qu'en particulier la célèbre église de Reculver, dans le pays de Kent, qui se trouvait en 1781 à 1 700 mètres dans les terres, a été vingt-trois ans plus tard atteinte par la mer et ne subsiste aujourd'hui que grâce aux travaux qu'on a faits pour la protéger.

C'est aussi sous l'influence de la marée que les fleuves qui débouchent dans l'Océan s'élargissent en *estuaires* ou en *entonnoirs évasés,* tandis que ceux qui se jettent dans les mers intérieures donnent lieu à des deltas. Les matières meubles qu'ils apportent à la mer sont en effet saisies par le reflux au fur et à mesure de leur arrivée, et entraînées vers le large.

Fig. 12. — Vue de l'église de Reculver, d'après Lyell.

Tous les fleuves français qui débouchent dans l'Atlantique, la Garonne, la Loire, la Seine, présentent des estuaires de cette nature, et l'on sait que celui de la Tamise est assez grand pour permettre aux vaisseaux de remonter jusqu'à Londres.

Action des courants. — On appelle *courants marins* de grands fleuves liquides qui circulent au milieu de l'Océan. Ces courants se produisent tantôt sous l'action du vent, tantôt sous celle du soleil, tantôt sous l'impulsion d'un grand fleuve, et tantôt enfin sous l'influence de ces trois causes réunies. Ils sont surtout

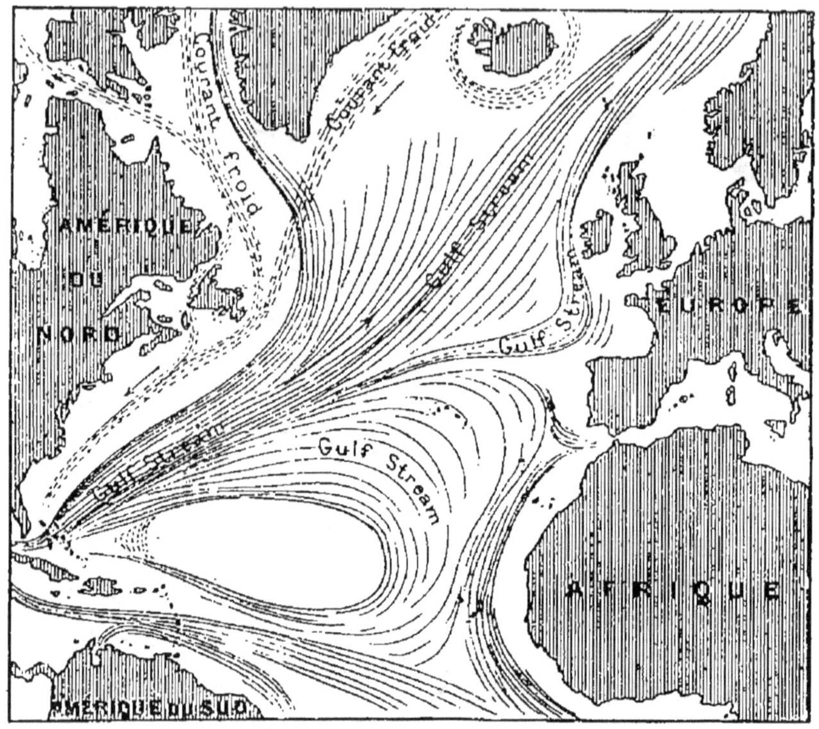

Fig. 13. — Aspect général des courants marins dans l'Atlantique.

nombreux dans les mers équatoriales, où les vents soufflent longtemps dans une direction déterminée et où la chaleur solaire établit dans le liquide des différences sensibles de densité. Le plus important d'entre eux est le Gulf-Stream ou *Courant du golfe* (fig. 13), qui part du golfe du Mexique pour se diriger vers les côtes de la Norvège, donnant lieu, dans son parcours, à plusieurs courants secondaires qui s'avancent vers les côtes septentrionales de l'Afrique. Il rase les côtes de la Floride avec une vitesse de 4800 mètres à l'heure et sous une largeur de plus de 40 kilomètres, charriant jusque vers les côtes d'Islande des blocs de bois et d'autres débris légers arrachés au continent américain. La grande masse d'eau qu'il porte ainsi vers le nord-est est remplacée par l'eau froide venue des pôles; ce qui fait qu'au-dessous de lui circulent d'autres courants non moins puissants, qu'on appelle *courants polaires* ou *courants froids*. On trouve aussi des courants dans les mers intérieures, comme par exemple à l'embouchure du Rhône et à l'embouchure du Nil. Le premier va de l'est à l'ouest, c'est-à-dire des rivages de France aux côtes d'Espagne, et le second de l'ouest à l'est, c'est-à-dire du littoral de l'Égypte aux rivages de l'Asie Mineure.

Dépôts dans les mers des matériaux charriés. — Les matières qui sont entraînées par la marée et les courants se sèment peu à peu sur le fond des mers, et finissent par y constituer des couches auxquelles on donne le nom de *sédiments*. Les éléments de ces derniers varient naturellement de grosseur et de poids, suivant la distance à laquelle ils se trouvent du rivage et la puissance du courant qui les a transportés. Les plus grossiers d'entre eux se déposent à peu de distance de la côte, tandis que les plus ténus font un plus long trajet. Sur les côtes occidentales de la France, par exemple, la terre ferme se trouve entourée d'abord d'une zone de sable, que suit une zone de boue, et qu'entoure enfin une zone de vase extrêmement ténue. Tous les continents, tous les archipels, toutes les îles sont entourés de dépôts de ce genre; il n'y a de différence que dans leur épaisseur et dans la nature des objets entraînés.

Pendant que ces sédiments se forment, leur surface se recouvre de débris organiques provenant des animaux marins qui meurent chaque jour. C'est à ces débris qu'on donne le nom de *fossiles*. Ils consistent principalement en coquilles de mollusques, en tests d'échinodermes, en dents de poissons, en rameaux de polypiers, etc., qui sont toujours d'un précieux secours pour la géologie. Car, comme autrefois il s'est formé des sédiments dans des conditions analogues à celles de nos jours, la présence de ces fossiles permet souvent de juger soit de la profondeur, soit de la température, soit de la limpidité que présentaient les eaux de la mer quand les dépôts se sont formés, et de déterminer même quel est celui d'entre eux qui est le plus ancien.

II. — ACTION DE L'EAU A L'ÉTAT SOLIDE

A l'état solide l'eau produit la *désagrégation* des roches poreuses et donne lieu à un *transport* de matières meubles tant par l'intermédiaire des *glaciers*, que par l'intermédiaire des *glaces flottantes*.

Désagrégation des roches. — Le phénomène de désagrégation dont il est ici question est l'émiettement que subit le sol au moment du dégel.

Il se fait surtout remarquer dans les roches qu'on appelle roches gélives, où il a pour cause principale l'augmentation de volume que subit l'eau en se congelant. Les roches gélives sont en effet des roches poreuses, dans lesquelles l'eau pénètre à l'état liquide et dont elle remplit peu à peu les interstices. Tant que ces roches restent à une température supérieure à 4°, le liquide qui s'y trouve ne produit sur elles que peu d'effet; mais, si la température descend plus bas, l'eau passe à l'état solide, augmente de volume, et presse vivement contre les parois de sa prison. Peu à peu la roche cède, et, si elle est en abrupt, il se précipite à ses pieds un amas confus de blocs et de graviers. Le phénomène est surtout sensible dans les montagnes où les roches sont coupées à pic et où les variations de température se font vivement sentir. Les débris auxquels ils donnent lieu constituent les alluvions des torrents ou les moraines des glaciers.

Glaciers. — Les glaciers sont des masses de glace qui descendent vers la plaine, le long des montagnes dont les cimes atteignent le niveau des neiges éternelles. Ces masses s'alimentent aux dépens de la neige des hauts sommets, et elles s'écoulent dans les vallées en se moulant sur le sol comme le feraient de véritables fleuves liquides (fig. 14).

Toutes les montagnes du globe ne sont pas également favorables à leur production, car toutes ne se trouvent pas dans des conditions voulues pour conserver de la neige aux diverses époques de l'année. Près de l'équateur, la température est trop élevée pour que des montagnes d'une faible élévation puissent donner naissance à des glaciers. Il faut ainsi monter bien haut si l'on veut rencontrer une température propice à la production et à la conservation des neiges. Mais il en est tout autrement près du pôle, où la chaleur solaire est beaucoup moins intense. De là vient que la hauteur requise pour la production des neiges perpétuelles s'abaisse à mesure que l'on s'éloigne de l'équateur. Elle est en moyenne de 5000 mètres au-dessus du niveau de la mer à la latitude de l'Inde, de 3000 dans la région des Alpes, de 1200 à 1300 sur les

Fig. 14. — Un glacier vu de front.

côtes de la Norvège, et de quelques mètres à peine
dans les terres qui avoisinent le pôle.

Deux circonstances contribuent encore à faire varier cette limite. La première est le degré d'humidité de l'air, d'où résultent des chutes de neige plus abondantes, et c'est pour cette raison, qu'en Asie, les pentes de l'Himalaya qui sont tournées vers la mer sont couvertes de neige à partir de 4900 mètres, bien qu'elles soient exposées au midi ; tandis que celles qui regardent vers le continent et qui sont battues par les vents secs et froids du nord n'en ont qu'à partir de 5700 mètres. La seconde est la forme même des montagnes. Celles qui sont découpées en vallées très profondes, et qui offrent de grands cirques où la neige peut s'accumuler à l'abri des rayons solaires, ont naturellement plus de chances de la conserver que les plateaux uniformes de même élévation. Aussi, est-ce dans ces dernières que les glaciers prennent la plus grande extension.

Lorsque ces conditions sont réalisées, comme cela a lieu surtout aux Alpes, les choses se passent de la façon suivante. La neige des hauts sommets est réduite en poudre par l'action du froid, puis saisie par le vent et poussée dans les parties basses où elle commence à se fondre. Elle se transforme alors en un amas de granules que l'on nomme *névé*. La fusion continuant, la neige se débarrasse des bulles d'air et perd sa couleur blanche ainsi que sa texture grenue, pour prendre insensiblement la texture compacte et la couleur azurée de la glace.

Pendant que ce phénomène se passe, le glacier se met en mouvement vers la plaine. Il descend le long de la vallée qui lui sert de lit, tantôt plus large, tantôt plus étroit, suivant les dimensions de cette dernière. Si le rétrécissement est trop brusque le glacier se couvre de fentes longitudinales comme le ferait un métal froid passé au laminoir. Si la pente devient subitement trop rapide, il se découpe en grandes colonnes qui, tombant l'une sur l'autre et se soudant ensuite, lui donnent l'aspect d'une mer agitée[1]. Enfin, lorsqu'en quelques points de son étendue la marche est

Fig. 15.
Vue d'un glacier avec moraine médiane, moraines latérales
et bandes boueuses arquées.

plus rapide qu'en d'autres, il en résulte des étirements qui donnent lieu à des crevasses perpendiculaires au sens du mouvement. Ces crevasses sont surtout abondantes sur les bords du glacier et c'est par elles principalement qu'un certain nombre des matières tombées à sa surface s'engouffrent dans son intérieur et en gagnent le fond.

Vitesse d'un glacier. — Rien n'est plus variable que

[1] Ce phénomène est surtout bien visible à la Mer de glace, au pied du mont Blanc.

la vitesse d'un glacier; elle dépend à la fois de la pente
de la vallée, de son exposition au soleil, de l'action du
vent et des matières répandues à la surface de la glace
qui en avancent ou en retardent la fusion. Elle est
toujours plus grande après les chaleurs de l'été
qu'après les froids de l'hiver. On a compté qu'elle
était en moyenne de 75 mètres par an au glacier de
l'Aar, et de 92 mètres à celui des Bossons, qui descend
du mont Blanc[1]. De même que dans un fleuve, elle est
moins grande au bord du glacier qu'au milieu. L'expé-
rience suivante en donne une preuve manifeste. Si
l'on plante au travers d'un glacier une ligne droite
de piquets, on voit qu'à mesure que cette ligne descend elle se transforme en une courbe dont la concavité regarde la montagne, ce qui prouve que les
piquets du centre ont marché plus rapidement que
ceux des bords. Ces différences de vitesse se manifestent aussi dans la forme arquée des grandes bandes
boueuses que l'on observe dans certains glaciers et
spécialement dans le glacier du Géant.

Régime des glaciers. — Par le fait de son déplacement lent, un glacier gagnerait inévitablement la
plaine, s'il ne fondait par son extrémité inférieure
à mesure qu'il s'approche des régions basses. Mais à
une limite variable avec les latitudes, le front se ré-
sout en un torrent préparé déjà de plus haut par les
eaux engagées dans les crevasses. Si les années sont
chaudes, la fusion augmente et le glacier recule; si
elles sont froides et pluvieuses, le glacier s'avance.
Les glaciers des Alpes ont présenté beaucoup d'oscillations de ce genre. La plupart étaient en voie de recul

---

[1] Elle paraît dix fois plus grande au moins, aux immenses champs de
glace du Groënland.

en 1881; sauf celui des Bossons, qui avait gagné plus de 35 mètres depuis 1879. Depuis ce temps-là jusqu'en 1890, cinquante-cinq glaciers situés autour du mont Blanc ont recommencé un mouvement de progression.

Effets d'un glacier. — Le premier effet d'un glacier est de transporter les blocs, les graviers et toutes les matières meubles, que le dégel précipite des sommets qui l'encaissent. Ces matières meubles suivent le glacier dans sa marche et constituent de longues traînées que l'on nomme *moraines*. On les désigne plus spécialement sous le nom de *moraines latérales*, lorsqu'elles en bordent les flancs, comme cela a lieu dans les glaciers qui n'ont pas reçu d'affluents. Mais si, au débouché d'une vallée, un glacier en rencontre un second venant d'une vallée voisine, il se soude à celui-ci, et alors la moraine de droite de l'un, s'unissant à la moraine de gauche de l'autre, il en résulte trois moraines, dont deux latérales et une *médiane*. Le phénomène peut se répéter ainsi plusieurs fois, si bien qu'après un long parcours un glacier qui n'avait d'abord que deux moraines latérales présente entre celles-ci autant de moraines médianes qu'il a reçu d'affluents.

Durant ce trajet quelques blocs ou quelques graviers pénètrent à travers les crevasses jusqu'au fond même du glacier et constituent ce qu'on appelle des *moraines profondes*. Lorsque enfin le glacier arrive au point où il se fond et engendre un torrent, toutes les matières dont sont formées ces moraines se précipitent sur place et donnent lieu par leur réunion à la *moraine frontale*. Celle-ci renferme naturellement des débris de toutes les vallées qui ont alimenté le glacier, en sorte que, si celui-ci venait à disparaître,

on pourrait en rétablir le parcours et en retrouver les
affluents par la connaissance des matériaux qu'il a
laissés. C'est ainsi que les géologues ont pu savoir
qu'autrefois un immense glacier était descendu de la
vallée du Rhône et avait envahi la plaine suisse jusqu'à Lyon. Dans les moraines frontales, les matières
abandonnées par le glacier sont disposées pêle-mêle

Fig. 16. — Glaciers des pôles et glaces flottantes qui en proviennent.

comme celles qu'aurait entraînées un torrent; mais
ce qui les distingue de ces dernières, c'est que la plupart des blocs ont conservé leurs angles et sont couverts de stries dues à leur frottement contre les roches
encaissantes.

C'est, en effet, dans la production de ces stries que
consiste le second travail d'un glacier. Elles ne sont
pas limitées aux seuls blocs qui forment les moraines,
mais elles se remarquent encore dans la vallée parcourue par le glacier dont le fond et les flancs ont été
comme burinés par les blocs.

Glaces flottantes. — Les glaces flottantes sont d'immenses blocs de glace qui cheminent au gré des vagues dans les parties de l'Océan qui avoisinent les pôles. Elles sont généralement dues aux glaciers, dont les terres polaires sont constamment recouvertes.

Ces glaciers, qui ont une surface immense, une épaisseur considérable et une grande vitesse, arrivent presque toujours à la mer avant d'avoir été fondus, en sorte que leur front s'étale souvent en surplomb au-dessus de l'eau. Lorsque le poids de la partie suspendue l'emporte sur la force de cohésion de la glace, celle-ci se brise avec un horrible fracas. Il s'en détache alors des blocs énormes dont quelques-uns ne mesurent pas moins de 500 à 600 mètres de hauteur. Ils voyagent alors où les poussent le vent et les courants marins, en emportant avec eux les débris qu'ils ont enlevés à la terre ferme et qu'ils laissent tomber au fond de l'eau lorsqu'ils viennent à se fondre.

C'est ainsi que se forment chaque jour des dépôts puissants au voisinage de Terre-Neuve et que la sonde accuse l'existence de nombreux débris près du seuil des îles Feroé, où les courants froids du pôle rencontrent les courants des tropiques.

III. — ACTION DE L'EAU A L'ÉTAT DE VAPEUR

La puissance mécanique de la vapeur d'eau se manifeste surtout dans les éruptions volcaniques, dont elle est, comme nous le verrons plus loin, l'un des produits ordinaires, et dans les curieux phénomènes auxquels les *geysers* donnent lieu.

Geysers. — On désigne sous le nom de geysers des sources intermittentes et chaudes, très communes en

Islande, et dans la chaîne des montagnes Rocheuses,
en Amérique [1].

Fig. 17. — Aspect du grand geyser d'Islande en éruption.

Le plus intéressant et le mieux étudié jusqu'à ce

[1] Ceux des montagnes Rochouses sont si beaux que le gouvernement
fédéral a fait un parc national du territoire qui les renferme.

jour est le grand geyser d'Islande. Son ouverture a la forme d'un bassin circulaire, pratiqué au sommet d'un cône siliceux, et se poursuit en bas en une cheminée étroite, de plus de 20 mètres de profondeur.

A certains moments, ce geyser est parfaitement tranquille, et l'eau s'y déverse paisiblement pardessus les bords du bassin ; mais de temps en temps de sourds bruissements se font entendre, le sol s'agite, et il se forme d'énormes bouillons à la surface de la source. Ensuite l'eau s'élance en jets de 2 à 3 mètres de hauteur, et puis tout à coup la cheminée laisse échapper une masse énorme de liquide et de vapeur, qui s'élève à près de 30 mètres, et qui obscurcit momentanément l'atmosphère.

Ces étranges éruptions se produisent à peu près toutes les vingt-quatre heures, et sont restées longtemps inexpliquées. On admet généralement aujourd'hui qu'elles sont dues à la vaporisation rapide d'une partie de l'eau sous l'influence des parois qui la contiennent, car l'on a pu reproduire artificiellement les diverses phases du phénomène, en réalisant cette condition. Dans tous les cas, c'est bien la vapeur d'eau qui en est l'agent principal, et sa puissance est parfois si considérable, qu'au geyser de la Ruche d'abeilles, dans les montagnes Rocheuses, elle projette l'eau à plus de 70 mètres d'élévation. Grâce à la haute température qu'elle possède, l'eau des geysers peut dissoudre la silice, qu'elle dépose ensuite, par refroidissement, autour de l'orifice de sortie, et c'est ainsi que se forme le cône qui entoure le bassin.

II. — Action chimique de l'eau.

L'action chimique de l'eau n'est guère moins considérable que son action mécanique, bien qu'elle se manifeste sous moins de formes diverses, et qu'elle ne paraisse pas présenter le même degré d'énergie. Elle a pour cause soit les éléments constitutifs de l'eau, soit les substances qui s'y trouvent en dissolution. Les principaux phénomènes qui en résultent sont l'hydratation des matières solides, leur oxydation, leur dissolution et leur remplacement par d'autres qui en conservent la forme et l'aspect.

1. Hydratation. — L'*hydratation* consiste dans l'union de l'eau avec les éléments solides de l'écorce terrestre. Ce phénomène a pour siège tous les points de la terre où l'eau peut trouver accès. Bien que généralement invisible à nos yeux, il n'en produit pas moins des résultats d'une grande importance. On a constaté, en effet, que la plupart des matières solides du globe peuvent absorber $\frac{8}{1000}$ au moins de leur poids d'eau. Celles qui s'hydratent immobilisent ainsi une partie notable du liquide de la surface, en sorte que, tant que le phénomène continue, la masse océanique va en s'appauvrissant. Tout fait même prévoir qu'elle peut disparaître à la longue, car elle n'est que la $\frac{4}{100000}$ partie du poids total de la terre, et il suffirait que la $\frac{4}{88}$ partie du globe fût hydratée, pour qu'il n'y eût plus de mer.

En se perdant ainsi dans l'intérieur de l'écorce, l'eau tend naturellement à augmenter le volume des corps auxquels elle s'unit. De là vient que ceux-ci se gonflent et donnent parfois lieu à des expansions considérables. C'est ainsi qu'en absorbant l'eau pour passer à l'état de gypse ou de sulfate hydraté, le sulfate anhydre de chaux peut augmenter du tiers de son volume. Si l'on en croit un de nos plus éminents géologues, Élie de Beaumont, c'est à un phénomène de cette nature qu'il faudrait attribuer l'aspect mamelonné que présente le sol au-dessus des dépôts de gypse de la Lorraine.

L'absorption de l'eau a aussi pour conséquence de rendre les roches moins dures et plus plastiques, c'est-à-dire plus capables de s'user et de se plier aux diverses pressions. On en trouve tous les jours des exemples dans les carrières, où la pierre encore humide se laisse facilement travailler, tandis qu'elle résiste plus fortement lorsque l'atmosphère l'a dépouillée d'une partie de son eau.

Enfin, s'il est vrai que la terre est formée d'un noyau central incandescent, entouré d'une enveloppe solide, l'arrivée de l'eau dans cette enveloppe doit en abaisser la température et avancer la solidification des éléments du noyau, qui sont en contact avec elle. Il en résulte nécessairement que l'écorce doit rester plus mince au-dessous des continents qu'au-dessous des mers, où l'eau a un plus libre accès.

2. Oxydation. — Les phénomènes d'*oxydation* produits par l'eau se rattachent intimement à ceux auxquels l'atmosphère donne lieu. A part, en effet, les métaux alcalins, qui décomposent l'eau à froid pour s'emparer de son oxygène, les autres substances s'unissent de préférence à l'oxygène, qui s'y trouve en dissolution. Seulement, par le fait de sa présence dans le liquide, ce dernier acquiert une énergie qu'il n'aurait pas à l'état libre, et donne lieu à des altéra-

tions beaucoup plus rapides. C'est ainsi que le fer se rouille très vite à l'humidité, et que les débris de végétaux se conservent beaucoup mieux dans une atmosphère sèche, que lorsqu'ils se trouvent exposés à la pluie. L'acide carbonique obéit à la même influence, et c'est grâce à l'eau qui l'accompagne qu'il transforme si facilement en arène le granit des pays froids et humides, tandis que son action est presque inappréciable sur la même roche, dans les régions sèches et chaudes, telle que l'Egypte, où les monuments de granit se sont si bien conservés.

3. **Dissolution**. — Parmi les substances solides de l'écorce terrestre, il en est qui ne se laissent pas seulement hydrater ou oxyder par l'eau, mais qui se fondent encore dans sa masse en quantité plus ou moins notable. C'est à ce phénomène qu'on a donné le nom de *dissolution*.

Quelques-unes de ces substances sont directement solubles dans l'eau pure, mais d'autres ne peuvent devenir liquides qu'à la faveur d'une substance étrangère déjà dissoute.

Parmi les premières se trouvent le sel gemme et le gypse, et parmi les secondes le calcaire ou carbonate de chaux, si communément répandu dans la nature.

Le sel gemme et le gypse forment en Lorraine et en Franche-Comté des bancs puissants, au contact desquels les eaux de pluie deviennent salées ou séléniteuses. Quelquefois même, ces eaux renferment tellement de sel, qu'il suffit de les faire évaporer pour en retirer la substance dans des conditions avantageuses à l'industrie.

Quant au calcaire, il n'est soluble que grâce à

l'acide carbonique répandu dans l'eau. Les sources qui en renferment en quantité notable sont communément désignées sous le nom de *sources incrustantes*. Elles se conservent limpides, et gardent cette substance tant que l'acide carbonique ne s'évapore pas. Mais, lorsqu'il devient libre, le calcaire repasse à son premier état, et recouvre d'un enduit blanchâtre le fond et les parois du canal d'écoulement. C'est ainsi que se forment sur le sol les croûtes calcaires, que l'on désigne sous le nom de *tufs,* et que se produisent dans les grottes les mamelons auxquels on donne les noms de *stalactites* et de *stalagmites.*

Parfois, lorsque l'eau tient des grains de sable en suspension, le carbonate de chaux se dépose autour de ces grains, qui grossissent peu à peu et finissent par atteindre le volume d'un pois. Alors ils se précipitent au fond de l'eau et constituent, en se soudant, un calcaire à gros grain, que l'on appelle calcaire *pisolithique.*

Les sources incrustantes les plus connues sont celles de Carlsbad, en Allemagne; de Tivoli, en Italie; de Saint-Allyre, en Auvergne; et d'Hammam-Meskhoutine, dans la province de Constantine. Ces dernières, dont la température dépasse 70°, donnent lieu à de magnifiques incrustations blanchâtres, en forme de cascades ou de cônes que l'œil aperçoit de très loin.

Les sources incrustantes recouvrent si vite de calcaire les substances qu'on y dépose, qu'il suffit d'y laisser quelque temps des objets quelconques, comme de petits paniers ou des bouquets de fleurs artificielles, pour les voir se revêtir d'un enduit de carbonate de chaux. La substance qui les constitue n'est cependant pas détruite, et c'est à tort que l'on donne souvent à ces curiosités le nom de *pétrifications;* c'est un simple phénomène de revêtement.

Quelque considérables que soient toutefois ces incrustations, la plus grande partie du calcaire en dissolution dans les sources est entraînée dans les fleuves, et de là dans la mer, où elle contribue soit à l'accroissement des sédiments, soit à la formation des coquilles dont se revêtent beaucoup d'animaux marins. Dans le premier cas, elle forme un ciment qui agglutine entre entre eux les grains de sable et les autres matières détritiques, entraînées mécaniquement par l'eau. Il en résulte que les sédiments varient de structure et d'aspect, suivant la quantité plus ou moins grande de carbonate de chaux qui se précipite ainsi. Pendant les périodes de calme, alors que les matières meubles charriées par les eaux sont en très faible quantité, les sédiments sont presque uniquement formés de ce genre de précipité; mais c'est le contraire aux époques de troubles où l'abondance des sables et des autres matières analogues accusent de puissantes érosions.

4. Disparition et remplacement de substances. — En attaquant ainsi les matières qu'elle rencontre, et en les déposant ensuite, l'eau arrive à produire entre les corps des échanges qui finissent par en modifier totalement la composition, sans en changer cependant beaucoup la forme extérieure. C'est ce qui a lieu surtout dans les fragments de bois qui restent longtemps exposés à l'action de la silice dissoute; car peu à peu cette substance pénètre dans le tissu, et en prend si bien le moule que, lorsque la matière organique a disparu, on se croirait encore en présence d'un morceau de bois inaltéré. Il n'en reste cependant plus rien, et toute la masse est réellement *pétrifiée*, c'est-à-dire remplacée par de la silice solide, qui présente une tout autre dureté et un tout autre degré de résistance aux acides que la fibre du bois.

Le même phénomène s'observe aussi dans l'altération de matières animales, où c'est tantôt la silice, tantôt le calcaire et tantôt les sels de fer qui sont les agents de la pétrification. On rencontre, par exemple, dans la craie des débris d'oursins, dont la masse globuleuse est complètement remplie de silice. Dans beaucoup de formations jurassiques, la coquille des mollusques est imprégnée de sulfure ou d'oxyde de fer. Mais il arrive aussi quelquefois que les tissus délicats des animaux ont disparu sans que les matières amenées par l'eau aient pu complètement les remplacer. Dans ce cas, il reste dans l'intérieur des coquilles une cavité, contre les parois de laquelle s'implantent, sous forme de cristaux, les matières amenées par l'eau. Ces cavités sont du nombre de celles que l'on désigne du nom de *géodes*.

Enfin, il peut arriver même que des substances purement minérales se laissent remplacer aussi molécule à molécule par d'autres éléments en dissolution dans l'eau, comme c'est fréquemment le cas pour le carbonate de chaux, lorsqu'il est soumis à l'action d'une eau tenant de la silice en dissolution. Il perd alors peu à peu ses propriétés, en conservant sa forme; et bientôt, sous les apparences d'un cristal de calcite, on ne trouve plus qu'une matière dure qui raye le verre, et qui n'est pas autre chose que la silice déposée.

Le phénomène est parfois moins complet. Alors de la matière ancienne unie à la matière apportée par l'eau résulte un composé qui renferme les éléments des deux substances. C'est ainsi qu'à Plombières des eaux chargées de silicate de potasse ont donné naissance à des silicates d'alumine et de chaux, en filtrant à travers la maçonnerie en brique, destinée à les contenir. Beaucoup de silicates hydratés, qu'on appelle *zéolithes*, ne paraissent pas avoir eu une autre origine.

CHAPITRE III

ACTION DES ORGANISMES VIVANTS

Les organismes vivants se divisent en deux catégories : les animaux et les végétaux. Leur rôle, comme agents géologiques, consiste surtout à combler les dépressions du sol par les débris qu'ils y abandonnent en mourant. Ce rôle est naturellement d'autant plus considérable, qu'ils se multiplient plus rapidement, et que leurs débris s'altèrent moins.

1. **Action des animaux.** — Parmi les animaux, ceux qui réalisent le mieux ces conditions, ce sont généralement les plus petits, tels que les mollusques, les polypiers et la plupart des protozoaires. Ils se rencontrent, en effet, en nombre presque infini dans les mers, et savent se fabriquer avec le calcaire, la silice en dissolution, une enveloppe qui résiste aux altérations, tandis que les tissus plus mous des vertébrés se décomposent facilement.

Presque toutes les plages sont ainsi semées de coquilles apportées par la vague, et plus ou moins brisées. Elles s'agglutinent au sable et à la boue pour former des sédiments. On voit même souvent certains de ces animaux, tels que les huîtres, s'élever près des rivages en bancs puissants, lorsque le sol leur est favorable et les eaux suffisamment pures. Mais le principal rôle édificateur appartient aux polypiers et aux protozoaires. Les premiers, croissant comme

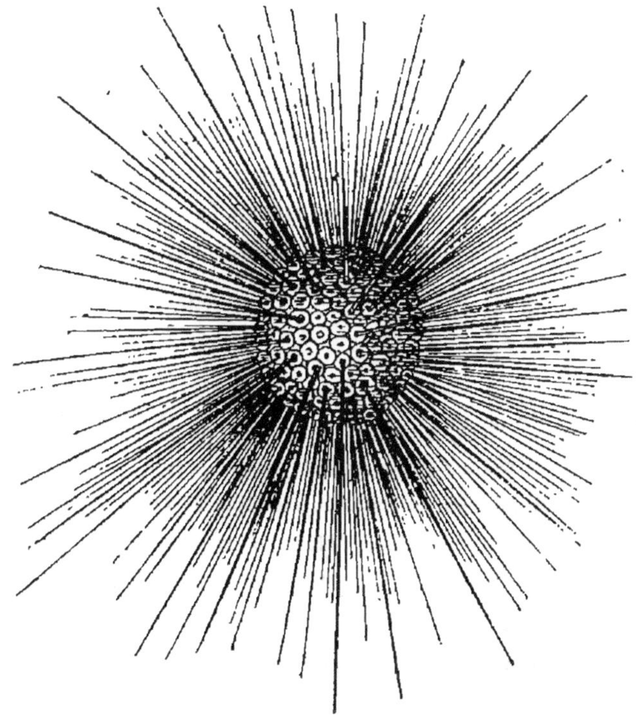

Fig. 18. — Radiolaire siliceux des grandes profondeurs de l'Atlantique fortement grossie.

des arbres et se multipliant par bourgeonnement, construisent autour de certaines côtes des ceintures de récifs, d'une longueur énorme et d'une largeur qui atteint parfois plusieurs kilomètres, dont nous parlerons bientôt.

Nous verrons aussi qu'aux époques anciennes leur action n'a pas été moins grande qu'aujourd'hui, car

2*

il existe des terrains qui en sont presque uniquement formés, et que l'on nomme pour cela terrains coralliens.

Quant aux protozaires, des sondages récents ont montré qu'ils pullulent à la profondeur de 2,000 mètres, dans une très grande étendue de l'océan Atlantique. Les plus connus sont les *globigérines* et les *radiolaires* (fig. 18), dont les coquilles microscopiques donnent lieu, en s'accumulant sur le fond de la mer, à un dépôt blanchâtre analogue à la craie. Celle-ci ne paraît pas avoir eu d'autre origine, et l'on retrouve encore, en l'examinant à un fort grossissement, les traces des protozaires qui l'ont formée.

2. Action des végétaux. — Parmi les végétaux, ce sont aussi ceux dont les apparences sont chétives qui contribuent le plus à modifier le relief de la terre. Tandis qu'en effet les grands arbres de nos forêts et les végétaux herbacés, qui paraissent les plus parfaits, ne donnent en se décomposant qu'une faible quantité d'une matière noire que l'on nomme *humus*, les joncs, les carex, les prêles, les mousses et les algues produisent souvent d'abondants dépôts, parmi lesquels figure en premier lieu la tourbe. Cette substance est une sorte de charbon spongieux et léger, qui porte encore la trace des végétaux qui lui ont donné naissance. Elle se produit presque partout où le sol est humide, les eaux limpides et l'air suffisamment frais; soit sur les bords des rivières, soit au voisinage des étangs et des lacs, soit dans le fond des vallées, et quelquefois sur des pentes. Il y a même des cas où la tourbe se développe au sein de l'eau, en commençant par des conferves, des lentilles d'eau et

quelques autres plantes aquatiques. Bientôt ce sol spongieux s'affermit et constitue peu à peu des îles flottantes, sur lesquelles pousse le gazon, et qui deviennent à la fin capables d'être mises en culture ou de servir de pâturages aux animaux.

Dans les conditions les plus ordinaires la tourbe est principalement formée d'une sorte de mousses qu'on appelle les *sphaignes*. Ces végétaux ont la propriété singulière de croître par leur extrémité supérieure, pendant que leur base s'enfonce et se carbonise dans l'eau. Ils se multiplient avec une rapidité si grande, qu'en certains pays il suffit d'un siècle pour qu'ils donnent lieu à une couche de tourbe épaisse de trois mètres. Celle-ci varie généralement d'aspect, à mesure qu'elle se développe. Elle est d'abord jaunâtre et filamenteuse, puis brune et compacte, puis enfin noire et serrée, suivant la nature des végétaux qui se sont succédés dans la tourbière et l'état plus ou moins avancé de leur carbonisation. Lorsque les sphaignes se sont ainsi longtemps développées, le sol se bombe et l'humidité n'y est bientôt plus suffisante pour qu'elles puissent continuer à croître.

C'est alors qu'apparaissent les carex, les bruyères et divers arbres, dont les racines et les troncs se rencontrent souvent au milieu des bancs de tourbes en exploitation. On peut les couper facilement tant qu'ils restent imbibés d'eau, mais ils deviennent d'une dureté considérable après qu'ils ont été desséchés, et, comme ils sont d'une belle couleur noire, ils sont souvent utilisés pour l'ébénisterie.

Aux époques géologiques anciennes, les végétaux eurent un rôle encore plus marqué que de nos jours, et c'est à leurs débris que sont dues les couches de houille et de lignite.

C'est aussi à la décomposition de certaines plantes ou à celle de certains animaux dont le tissu était huileux, qu'il faut attribuer la formation d'un assez grand nombre de matières bitumineuses répandues dans le sol. La houille à gaz d'Angleterre renferme en effet un grand nombre de débris d'algues qui semblent en avoir formé la matière grasse. Les schistes bitumineux que l'on rencontre à divers niveaux sont communément couverts de débris organiques, tels que traces d'algues, écailles de poissons, ou coquilles de petits mollusques.

DEUXIÈME SECTION

PHÉNOMÈNES DUS AUX AGENTS INTERNES OU PYROSPHÉRIQUES

II. — Phénomènes mécaniques.

Les principaux phénomènes mécaniques attribuables aux agents internes et pyrosphériques sont : les *tremblements de terre*, les *phénomènes volcaniques* et les mouvements lents d'*intumescences* et *affaissement* du sol.

TREMBLEMENTS DE TERRE

On donne le nom de tremblements de terre à tous les ébranlements brusques de l'écorce terrestre. Quelques-uns sont dus, comme nous l'avons vu plus haut, à de simples effondrements de terrains provoqués par l'action désagrégeante de l'eau; mais un grand nombre aussi ont pour cause une impulsion violenté exercée dans les parties profondes de la terre et transmises jusqu'à sa surface. C'est spécialement de ces derniers qu'il est ici question.

L'impulsion qui les produit se fait d'abord sentir au point du sol qui est situé verticalement au-dessus du centre d'ébranlement; elle se propage ensuite au loin par ondes concentriques et d'intensité graduellement décroissante. Lorsque l'écorce est parfaitement homogène, ces ondes sont exactement sphériques et la sur-

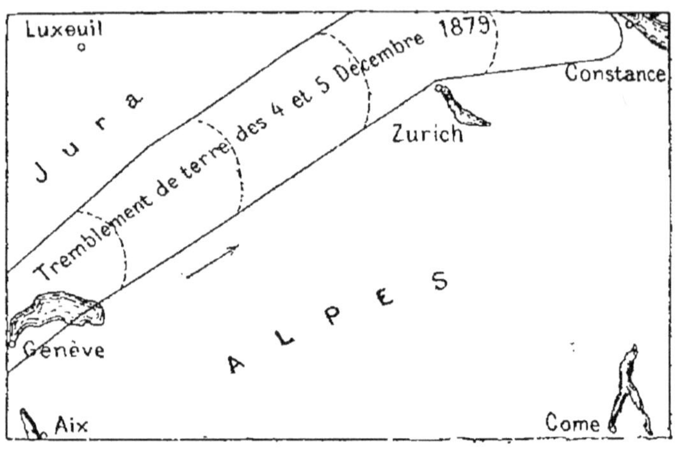

Fig. 19. — Marche du tremblement de terre ressenti en Suisse les 4 et 5 décembre 1879.

face atteinte présente la forme d'un grand cercle. Mais ce cas est très rare, et le plus souvent il arrive que le mouvement se propage plus vite dans un sens que dans un autre, ainsi que cela eut lieu pendant le tremblement de terre qui se fit sentir en Suisse pendant les 4 et 5 décembre 1879 (fig. 19). Souvent aussi les ondes se réfléchissent sur elles-mêmes, soit que le sol se trouve fendillé, soit qu'il change brusquement de nature. Alors, de la rencontre du mouvement direct et du mouvement réfléchi, naît une commotion extrêmement vive, qui donne au phénomène une intensité considérable. C'est ainsi, par exemple, que les tremblements de terre, qui prennent naissance dans les montagnes des Andes, sont toujours plus violents du côté de l'Océan Pacifique, où ils viennent se réfléchir contre la masse des eaux, que du côté du continent, où les secousses se transmettent presque sans obstacle à travers un sol beaucoup plus homogène. C'est pour la même raison que pendant le fameux tremblement de terre qui désola la Calabre en 1783, les localités situées sur le sol granitique des collines d'Aspromonte souffrirent peu, tandis qu'il y eut de grands ravages à la jonction de ce terrain avec celui de la plaine, formé de grès, d'argile et de cailloux.

Le phénomène se complique encore lorsque la première secousse se fait sentir au-dessous de l'Océan ou au milieu d'une île; car alors il se produit deux ondes qui se propagent par deux milieux inégalement élastiques : la terre et l'eau. Comme la vitesse de translation est généralement plus grande à travers le sol qu'à travers le liquide, les rivages voisins éprouvent deux commotions successives, dont la première exhausse momentanément la plage, tandis que la seconde élève le niveau de la mer et la projette sur la terre ferme. On en a eu un exemple récent dans le célèbre tremblement de terre qui a accompagné l'éruption du Krakatoa dans l'île de Java. Des témoins dignes de foi racontent en effet que la mer abandonna d'abord les baies et les ports des régions voisines de l'île, puis qu'ensuite elle revint inonder la terre sous la forme d'une immense vague de près de 60 mètres de hauteur, qui fit périr plus de 40000 personnes. Le même fait se produisit en 1755 à Lisbonne, où des vaisseaux du port furent emportés sur le continent; à Cadix, où la mer s'éleva brusquement de 20 mètres, et au Maroc, où plusieurs villes furent submergées et détruites. Ce qui prouve que dans ce dernier cas la commotion s'était fait sentir sur l'Océan, c'est qu'un vaisseau, qui voyageait à plus de cinquante lieues des côtes de Portugal, fut vivement secoué et presque démâté comme s'il eût touché sur un écueil.

Effets principaux des tremblements de terre. — Certains tremblements de terre n'ont pour effet que d'agiter légèrement le sol, sans y produire de bien grandes perturbations, mais d'autres sont la cause de cataclysmes effrayants. Sur leur passage le sol tournoie, oscille dans tous les sens et projette en avant les arbres et les habitations. Souvent même il s'entr'ouvre et présente de larges fissures, où s'engloutissent les hommes et les animaux. On voit alors des sources nouvelles s'échapper des crevasses de la terre, les rivières se détourner de leur lit et errer à travers la campagne en y produisant de terribles dévastations. Il peut arriver même que la secousse soit assez violente pour déterminer un changement notable dans le niveau de toute une région. C'est ainsi, par exemple, qu'en 1835, un tremblement de terre qui se fit sentir au Chili exhaussa tout à coup la côte de 80 centimètres, mettant à nu une surface à peu près égale à la moitié de la France, et qu'en 1855, à la suite d'une commotion violente, l'île nord de la Nouvelle-Zélande fut partagée en deux parties par un escarpement qui ne mesurait pas moins de 3 mètres de haut et de 40 lieues de long.

Parmi les tremblements de terre les plus intenses, on doit citer dans les temps passés celui qui, en 526, désola les côtes de la Méditerranée et coûta la vie à plus de 200,000 personnes; celui qui, en 1755, engloutit la plus grande partie de Lisbonne et atteignit plus de 3 millions de kilomètres carrés; et celui qui, en 1783, agita et disloqua tellement le sol de la Calabre, qu'en plusieurs endroits la terre se creusa d'entonnoirs et de gouffres, et que des bandes énormes de terrain descendirent des montagnes vers la plaine. Les plus effrayants des temps modernes sont celui qui détruisit il y a quelques années la ville de Chio; celui qui en 1883 produisit de si désastreux effets dans l'île de Java et ceux qui ont ravagé dernièrement la Ligurie et les provinces méridionales de l'Espagne.

Vitesse de propagation des tremblements de terre. — Centre d'ébranlement. — On a pu, depuis quelques années, au moyen d'appareils enregistreurs, nommés *sismographes*, déterminer la vitesse de propagation d'un certain nombre de tremblements de terre. Cette vitesse est nécessairement variable suivant la nature et l'état des terrains; mais elle est généralement si considérable, qu'elle atteint souvent 500 mètres à la seconde, c'est-à-dire 30 fois à peu près la vitesse d'un train rapide. On peut s'en faire une idée en songeant que le tremblement de terre qui se produisit à Genève le 4 décembre 1879 ne mit que quelques heures pour atteindre la ville de Bâle et le pied des Vosges.

Les mathématiciens, en partant de la diminution qu'elle subit à mesure que la secousse s'éloigne, ont cru pouvoir déterminer la profondeur du centre d'ébranlement. Mais quelque exacts que soient leurs calculs, le phénomène est trop complexe pour que l'on puisse admettre qu'ils en ont analysé jusqu'ici toutes les conditions. La seule chose qu'on en puisse conclure est que ce centre n'est généralement pas très éloigné de la surface du sol.

Distribution des tremblements de terre. — Tous les points de l'écorce terrestre ne paraissent pas également exposés à servir de foyers ou de centres d'ébranlements aux tremblements de terre. D'après des observations que l'on peut regarder comme exactes, ceux-ci seraient principalement répartis le long des grandes chaînes de montagnes, ou au voisinage des volcans, avec lesquels ils auraient des relations très étroites. Leur production du moins correspond souvent à un réveil dans l'activité volcanique, comme cela eut lieu pour les volcans de l'île Saint-Vincent, à l'époque du tremblement de terre qui se fit sentir en 1821 dans le voisinage de Taracas, et, comme on l'a vu récemment, à Java, où se produisirent en même temps les désastreux effets d'un tremblement de terre et l'éruption du Krakatoa.

I. — Phénomènes volcaniques.

On peut donner le nom de phénomènes *volcaniques* à tous ceux qui ont pour effet d'amener à la surface du globe des matières puisées dans son intérieur.

Ces phénomènes comprennent non seulement les éruptions *volcaniques,* mais encore un certain nombre de phénomènes qui ont avec elles des relations très étroites, comme la production des *filons* et l'apparition de beaucoup de sources *thermales.*

1. Éruptions volcaniques. — Les éruptions volcaniques sont des projections de matières incandescentes qui s'effectuent par le moyen des soupiraux désignés du nom de *volcans* (fig. 20).

Ces derniers se montrent généralement sous la forme de montagnes coniques, tronquées en leur sommet et portant en leur milieu une cheminée d'écoulement, que termine un orifice appelé *cratère*.

Fig. 20. — Aspect du Vésuve en éruption en 1822.

Ils présentent dans leur activité plusieurs phases distinctes, à savoir :

1º Une phase d'activité faible, pendant laquelle ils n'émettent que quelques fumerolles ou vapeurs, et qu'on appelle *phase solfatarienne*, du nom de la Solfatare, près de Naples, qui est en cet état.

2º Une phase d'activité modérée signalée par un bouillonnement de la lave comme on en trouve un exemple au volcan de Stromboli, dans les îles Lipari, et qui se nomme pour cela la *phase strombolienne*.

3º Une phase de grand paroxysme ou d'éruption.

Lorsqu'un volcan resté quelque temps au repos se réveille, aux quelques émanations qui s'en échappaient auparavant succède d'abord un dégagement abondant de vapeurs et de gaz ; puis de sourdes détonations se produisent, puis enfin des masses incandescentes s'élèvent vers l'ouverture et retombent ensuite pour s'élever de nouveau, en projetant sur les vapeurs qui s'en dégagent une lumière rougeâtre. Bientôt l'éruption commence, projetant en l'air un mélange de matières pâteuses, de matières liquides et de débris solides enlevés aux parois du cratère. Ces derniers retombent à leur premier état; mais les matières pâteuses, retenues par leur viscosité, se refroidissent en l'air et donnent lieu, soit à des masses arrondies que l'on nomme *bombes volcaniques*, soit à des produits *étirés* et spongieux que l'on appelle *ponces*, soit enfin à des fragments bizarrement déchiquetés auxquels on donne le nom de *scories*. Quant aux matières liquides, elles se laissent diviser par l'air, comme le ferait l'eau, durant leur mouvement d'ascension et produisent en se refroidissant ces minces particules que l'on désigne sous les noms de *sables*, de *cendres*, ou de *lapilli*. Le vent les emporte quelquefois très loin, comme nous l'avons vu, ce qui fait que souvent il en tombe dans les eaux de la mer ou des lacs, où elles donnent lieu à des couches assez régulières d'une matière noirâtre qui peut prendre l'empreinte des organismes vivants et que les géologues désignent du nom de *tuf volcanique*.

Cependant un moment vient où les explosions ne sont plus suffisantes pour enlever la matière incandescente à mesure qu'elle s'élève vers l'orifice du cratère. Celle-ci en gagne alors le sommet et presse si vivement contre les parois du cône, qu'elles s'entr'ouvrent. Alors, tant par ces fissures que par le cratère central, il s'échappe une immense coulée que l'on nomme *la lave*. La lave, d'abord très chaude, se précipite violemment vers la plaine; mais peu à peu sa surface se refroidit et se couvre de scories solides qui y nagent comme des morceaux de bois et finissent par se souder. La partie restée liquide coule alors dans cette sorte de boyau avec une lenteur croissante et en prenant les formes les plus variées. Il y a en effet des laves qui ressemblent à d'énormes câbles, d'autres qui présentent une série de bombements analogues aux vagues de la mer, et d'autres enfin qui ont la surface toute couverte de petites boursouflures produites par des dégagements de gaz. Les premières s'appellent laves *cordées*, les secondes laves *ondulées* et les dernières *sciarras* en Amérique et *cheires* en Auvergne, à cause de leur ressemblance avec les dents d'une scie.

Souvent, en se solidifiant, la lave se couvre de fentes, qui y taillent des prismes hexagonaux plus ou moins réguliers. On trouve de ces fentes au pied du Vésuve sur la plage de Torre-del-Greco, ainsi que sur un des côtés de l'Etna. Mais elles sont surtout abondantes dans les laves des volcans récemment éteints, soit en Auvergne, soit en Écosse, soit sur les bords de la Moselle. Les plus beaux prismes auxquels elles aient donné lieu sont ceux du Pont-Volant, dans l'Ardèche, de la grotte de Fingal, dans l'île de Staffa, et de la grotte aux Fromages, près de Bertrich, en Allemagne (fig. 21).

Formation des cônes. — C'est aux dépens des matières

rejetées par les volcans que se forment et s'accroissent les cônes. On en eut un exemple frappant en 1538, à l'époque où se forma, près de Baia, le célèbre volcan de Monte-Nuovo. Pendant deux années le sol avait été agité presque incessamment, lorsque tout à coup,

Fig. 21. — Colonnes basaltiques de l'île de Staffa.

le 29 septembre, il subit des trépidations affreuses. Peu de temps après un bruit formidable se fit entendre et la terre s'ouvrit, donnant lieu à un gouffre de plusieurs centaines de mètres de diamètre, qui vomit au dehors tant de cendres, de pierres et de boue, qu'en moins de vingt-quatre heures ces déjections formèrent une montagne conique de plus de 120 mètres de haut. Tous les cônes volcaniques connus en Europe paraissent avoir eu la même origine, sans en excepter même celui du Vésuve, que quelques géologues attribuaient à tort à un soulèvement du sol à cause de quelques coquilles qui s'y trouvaient emprisonnées dans la lave. Mais ces cônes varient beaucoup de pente et d'aspect suivant l'état où se trouvaient les matières qui les ont formés. Ceux qui sont principalement constitués par la lave, ont pris une forme aplatie à raison de la fluidité de cette dernière. Ceux au contraire qui sont plus spécialement dus à des

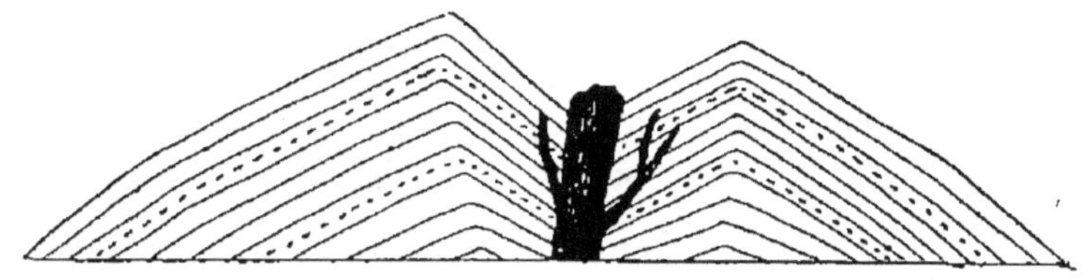

Fig. 22. — Cône stratifié laissant voir des dykes provenant de la cheminée et l'inclinaison *quaquaversale* des débris qui le forment.

cendres ou à des sables éruptifs, sont fortement relevés, et sont plus souvent formés de couches superposées qui correspondent à chaque phase du paroxysme, ce qui ferait croire à une vraie sédimentation. C'est à ces cônes que l'on donne communément le nom de cônes *stratifiés* ou de cônes de *débris;* et, comme les couches s'y inclinent à la fois vers l'extérieur et vers le cratère, on désigne souvent leur stratification sous le nom de *quaquaversale* (fig. 22).

Volcans sous-marins. — Il arrive quelquefois, comme cela a lieu pour les tremblements de terre, que les volcans se produisent au sein des mers. Dans ce cas, les cônes ont de la peine à se former, car les cendres, les lapilli et toutes les matières ténues sont immédiatement saisies et entraînées par l'eau. Il n'y a que les laves et les scories qui puissent rester sur place, et encore subissent-elles à la longue l'action désagrégeante des courants. De là vient que très rarement ces cônes peuvent dépasser le niveau du liquide. Lorsque toutefois ce phénomène a lieu, il se forme une île circulaire dont l'existence est très courte. Beaucoup d'îles, ainsi formées au sein de l'Océan Pacifique, ont totalement disparu. L'on sait surtout combien fut éphémère la durée de l'île Julia, qui parut dans ces conditions au mois de juillet 1831 au S.-O. de la Sicile, et qui n'existait déjà plus à la fin du mois de décembre de la même année.

Nature des matières rejetées par les volcans. — Les produits solides rejetés par les volcans peuvent varier beaucoup de texture et d'aspect, mais ils appartiennent presque tous au groupe des silicates, c'est-à-dire aux combinaisons de la silice avec une base qui est généralement la potasse, la soude, la chaux, la magnésie ou les oxydes de fer. Le fer domine dans les matières noirâtres, tandis que les autres bases abondent dans celles qui ont une couleur moins foncée.

Les principales d'entre ces substances sont : les *trachytes*, les *leucitophyres* et les *dolérites*.

1° Les *trachytes* sont ainsi désignés par la rudesse qu'ils présentent au toucher. Leur pâte est en majeure partie formée d'un silicate *vitreux* à base d'alumine et de potasse que l'on nomme *sanidine*. On les rencontre surtout à Santorin, à Ischia et aux îles Lipari.

2° Les *leucitophyres* doivent leur nom à la *leucite* ou *amphigène*, sorte de matière blanche cristallisée, qui s'y trouve associée à un silicate de fer nommé *pyroxène augite*. On les observe surtout dans les laves du Vésuve et aux monts Albains, près de Rome.

3° Les *dolérites* sont ainsi appelés de leur aspect trompeur (en grec *doleros*), qui pourrait les faire confondre avec les diorites, et se présentent en masse noire presque uniquement formée de silicates de fer associés à un silicate double d'alumine et de chaux nommé *labrador*. On les trouve abondamment dans les laves de l'Etna, dont elles forment une grande partie du cône.

Parmi les matières gazeuses, l'une des plus importantes est l'acide carbonique, qui est toujours le premier et le dernier terme de l'activité volcanique. A cela s'ajoute, lorsque le volcan commence à s'éveiller, l'acide sulfhydrique, l'acide sulfureux, et d'autres gaz suffocants, mais surtout la vapeur d'eau, qui est toujours très abondante et qui s'échappe du cratère en longues colonnes blanches analogues aux panaches d'une locomotive. Elle entraîne souvent avec elle des vapeurs salines, telles que du chlorure de sodium, du sulfate de chaux, du chlorure de fer. Ces vapeurs diverses viennent se déposer en croûtes sur les parois du cratère et leur donnent les aspects les plus changeants. Le phénomène est surtout très sensible au sommet du Vésuve, où l'on aperçoit de grandes taches blanches que l'on prendrait de loin pour de la neige, mais qui ne sont qu'un dépôt cristallin de sulfate de chaux.

Altérations des matières rejetées par les volcans. — Éruptions boueuses. — Il arrive très souvent que les matières solides rejetées par les volcans se décomposent sous l'influence des agents atmosphériques. Il en résulte alors une argile ferrugineuse extrêmement fertile, comme l'est celle des flancs du Vésuve, sur lesquels se récolte le fameux vin nommé Lacryma Christi.

C'est souvent par suite de ces altérations que se produisent les *éruptions boueuses,* si communes à Java. Dans ce cas, en effet, l'eau s'accumule dans des cratères momentanément éteints et y désagrège les cendres et les scories, de façon à y produire une sorte d'étang boueux. Lorsque ensuite le volcan se réveille, la boue du fond est projetée au loin, emportant avec elle les poissons qui vivaient au milieu de l'eau. D'autres fois, cependant, les éruptions boueuses sont dues à l'action directe de la vapeur d'eau vomie par le cratère sur les sables et les cendres qui précèdent l'arrivée de la lave.

Distribution des volcans. — On a remarqué depuis longtemps que presque tous les volcans actifs se trouvent dans des îles ou dans les parties du continent qui avoisinent la mer. On en a même conclu que les eaux de l'Océan sont nécessaires à leur production. Mais, en y regardant de plus près, on remarque qu'ils ne se trouvent pas indistinctement répartis sur toute espèce de rivages. On en rencontre généralement peu sur les côtes faiblement inclinées qui limitent l'Atlantique du côté de l'Europe, tandis qu'ils sont, au contraire, fort nombreux le long des côtes abruptes de l'Océan Pacifique et de la mer des Indes, ce qui permet d'affirmer que ce n'est pas tant le voisinage de la mer que la forme des rides terrestres qui détermine leur production.

2. Production des filons. — On désigne sous le nom de filons des veines de substances pour la plupart métallifères, qui traversent l'écorce terrestre sous des angles divers et en se ramifiant plus ou moins. Tantôt ces veines arrivent jusqu'à la surface du sol, tantôt elles restent cachées dans ses profondeurs ; mais dans tous les cas elles se présentent comme produites par l'injection de matières liquides venues de la pyrosphère.

Les filons les plus facilement observables sont ceux que l'on rencontre dans beaucoup de volcans et qui remplissent les fissures par lesquelles s'est déversée la lave. La matière qui les constitue étant généralement plus résistante que le cône, il arrive que, lorsque celui-ci s'est désagrégé sous l'influence des agents atmosphériques, elle y fait saillie sous la forme de grands murs verticaux auxquels on donne le nom de *dykes*. Ces dykes sont surtout nombreux au volcan de l'Etna, dans les parois de la grande cavité que l'on appelle le val del Bove (fig. 23).

Mais tous les filons ne se présentent pas au sein des cônes volcaniques. Beaucoup d'entre eux se montrent sans qu'il soit possible de trouver dans leur voisinage la trace d'un volcan analogue à ceux de nos jours. Tels sont les nombreux filons d'étain qui traversent le granit en Bohême, dans les Cornouailles et au Plateau central.

Il y a même des filons qui paraissent ne s'être formés que fort lentement et comme sous l'influence d'émanations liquides ou gazeuses. C'est le cas spécialement des filons plombifères, auxquels on donne souvent pour cela le nom de filons *concrétionnés*. Les matières qui s'y trouvent se présentent en effet en couches concentriques formées d'éléments cristallins de nature différente pour chaque couche et implantés contre les parois du filon comme s'ils avaient peu à peu tapissé des cavités préalablement ouvertes dans l'écorce. On rencontre beaucoup de filons de cette nature dans les environs de Freyberg, en Saxe, ainsi que dans les montagnes du Hartz et de la Bohême.

Tous les filons ne sont pas de même âge, en sorte que, dans une région donnée, le sol peut être traversé par des filons dont les uns sont beaucoup plus récents que les autres. Dans ce cas, les derniers se reconnaissent à l'action qu'ils ont exercée

Fig. 23. — Aspect du val del Bove avec cône éruptif au centre et dykes sur le pourtour.

sur les plus anciens en les coupant en tronçons et en y déterminant des déplacements qui en rendent souvent le raccordement difficile. C'est pour cela qu'on leur donne le nom de *filons croiseurs*. Pour savoir l'âge vrai d'un filon, il faut examiner les terrains qu'il a disloqués pour s'épancher au dehors. Il est sûrement postérieur à ces terrains, et probablement aussi plus ancien que ceux qui recouvrent la coulée qui le termine.

3. **Apparition de sources thermales.** — Nous avons vu que beaucoup de sources doivent leur haute tempéra-

ture à la profondeur à laquelle ont pénétré les eaux qui leur donnent naissance ; mais il en est un certain nombre aussi qui s'échauffent directement sous l'influence des foyers volcaniques. De ce nombre sont les *geysers* et la plupart des sources bouillantes que l'on nomme sources *thermales*.

Ces sources sont en effet généralement distribuées au voisinage de volcans en activité ou de volcans récemment éteints, comme le sont celles de Pouzzoles, près du Vésuve, et celles de Vichy, non loin des anciens volcans de l'Auvergne. La grande quantité de matières salines qu'elles tiennent en dissolution les rend précieuses pour le traitement des maladies ; mais ce qui leur donne plus d'importance en géologie, ce sont les abondants dépôts auxquels elles donnent lieu. L'un des plus remarquables est celui des geysers des montagnes Rocheuses, qui est calcaire, et qui s'étale sur les pentes en forme de terrasses de plus de 100 mètres d'élévation.

Beaucoup d'auteurs pensent qu'il faut attribuer à des sources thermales, qui se seraient autrefois fait jour au sein des mers, certaines couches de calcaire, ainsi que certaines lentilles de minerai de fer que l'on trouve parfois intercalées aux sédiments. Aussi donnent-ils à ce genre de dépôts le nom de formations *geysériennes*. Mais il est plus probable que beaucoup de ces lentilles ont une origine purement sédimentaire.

I. — MOUVEMENTS D'INTUMESCENCE ET D'AFFAISSEMENT DU SOL

Les mouvements dont il est ici question sont des mouvements généralement fort lents de l'écorce terrestre, qui ont pour effet d'élever ou d'abaisser des étendues considérables de terrains.

Ils se manifestent à nos yeux, soit par le déplacement des rivages, soit par la formation des récifs de coraux.

Déplacement des rivages. — Le déplacement des rivages consiste essentiellement dans un changement de niveau de la terre ferme par rapport à la surface des mers. Tantôt, en effet, celles-ci semblent envahir la plage, et tantôt elles paraissent s'en retirer, comme si la masse d'eau qu'elles contiennent augmentait ou diminuait.

Le premier déplacement de rivage que l'on ait constaté, est celui des côtes septentrionales de la Suède. Celsius le mit en évidence en démontrant que des points de repère, qu'il avait établis avec Linné sur les rivages de la Baltique, s'étaient élevés de $0^m 18$, dans l'espace de 13 ans. Plus tard, on observa près de Pouzzoles que les colonnes d'un temple attribué à Jupiter Sérapis étaient percées de trous de lithophages jusqu'à plus de 5 mètres de leur base. Comme le temple a été bâti hors de l'eau, les géologues en conclurent que ces colonnes étaient autrefois descendues dans l'eau, et qu'ensuite elles avaient émergé pour recommencer un mouvement d'affaissement que l'on observe encore de nos jours. Des observations plus récentes ont montré que ce phénomène est très général, et qu'une grande partie des rivages connus obéissent à des mouvements d'intumescence ou d'affaissement.

Ainsi, au sud de la région de la Suède qui se montre en voie d'exhaussement, et qui paraît s'étendre jusqu'en Écosse et au Groënland, il s'en présente une autre, qui semble s'affaisser et qui comprend presque tous les rivages sud de la Baltique, de la mer du Nord et de la Manche. Dans la Scanie, en effet, plusieurs rues se trouvent maintenant au-dessous du niveau de l'eau, le Zuyderzée s'est approfondi, et, dans le voisinage de Kœnigsberg, la mer a recouvert de grandes étendues de terrains autrefois émergés. C'est probablement aussi par suite de ce phénomène que le mont Saint-Michel et les îles de Jersey et d'Aurigny ont été séparées du continent, dont elles faisaient autrefois partie.

L'exhaussement se manifeste au contraire sur les côtes du Poitou, de l'Aunis et de la Saintonge, comme en témoigne le vieux port de Brouage, qui n'est

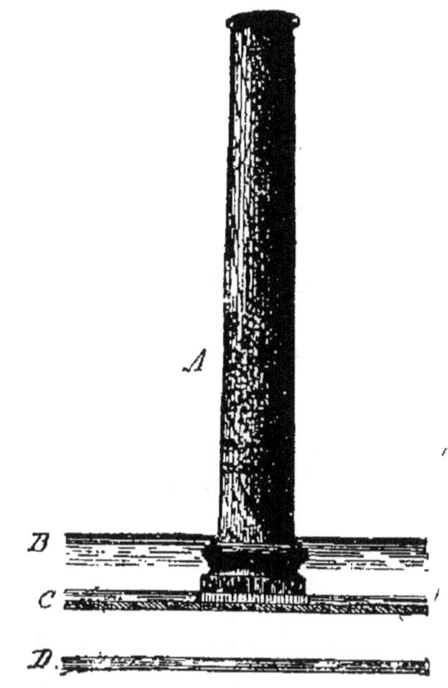

Fig. 24. — Colonne du temple de Pouzzoles avec trous de lithophages en A.

plus qu'une ruine perdue dans les terres, et l'état actuel de la ville de la Rochelle, qui, isolée autrefois sur un rocher, ne communique plus maintenant avec la mer que par un chenal étroit obstrué de vase. Vient ensuite une seconde zone d'affaissement, qui comprend les embouchures du Nil, où des rochers ont disparu, le rivage nord de l'Adriatique, où des travaux exécutés de main d'hommes sont descendus au-dessous du niveau de la mer, et peut-être une grande partie des côtes de l'Asie, surtout le voisinage de la ville de Beyrouth, près de laquelle on voit depuis quelque temps une tour s'enfoncer progressivement dans les flots.

Formation des récifs coralliens. — On appelle récifs coralliens des bancs de rochers formés par le bourgeonnement des polypiers dans les mers chaudes et limpides.

Ces récifs présentent deux dispositions différentes. Tantôt ils bordent de très près la terre ferme et ne laissent entre eux et elle qu'un intervalle étroit rempli par l'eau; on les nomme dans ce cas *récifs-barrières*. Tantôt ils se présentent sous l'aspect d'une couronne d'une blancheur éclatante contre laquelle les vagues viennent déferler, et qui renferme un lac intérieur appelé *lagune*. Sous cette dernière forme ils ont reçu le nom d'*atolls*, emprunté à la langue *maldive*.

Formation des atolls. — A voir les atolls se développer si régulièrement en anneaux, on les prendrait volontiers pour un reste de cratère enseveli, sur les bords duquel les coraux auraient fixé leur séjour. Mais ni leur nombre, ni leur dimension ne permettent de leur attribuer toujours une pareille origine. Leur forme dépend très souvent des mouvements du sol et des conditions de profondeur requises pour le développement des coraux.

On sait, en effet, que ceux-ci aiment la zone d'agitation des marées et qu'ils ne peuvent guère se développer au-dessous de 40 mètres; et cependant lorsqu'on effectue des sondages au voisinage des atolls, on trouve presque toujours que la sonde descend à plus de 500 mètres, et que ce sont encore des coraux

Fig. 25. — Atoll.

qu'elle ramène de ces grandes profondeurs. Ceux-ci ont dû nécessairement subir un affaissement pour aller si bas, et céder leur place à ceux qui vivent maintenant sur les contours de l'atoll (fig. 26).

Voici, d'après l'explication généralement admise, comment le phénomène s'est produit. Dans les mers où les atolls se présentent aujourd'hui, se trouvaient autrefois des îles qui sont peu à peu descendues dans

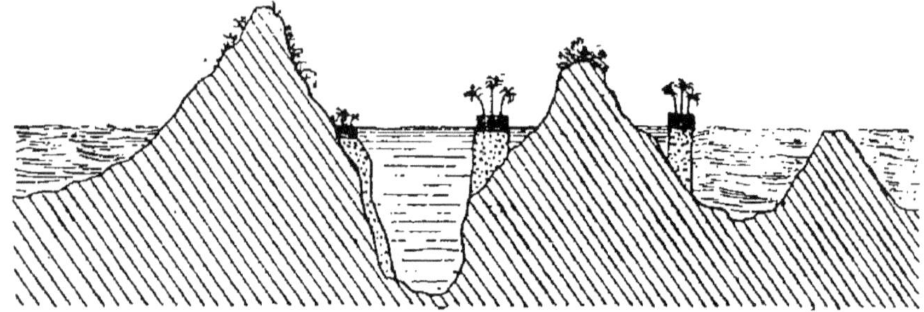

Fig. 26. — Mode de formation d'un atoll.

l'eau. A mesure qu'elles s'affaissaient ainsi sous l'eau, les polypiers, qui avaient trouvé dans leur voisinage les conditions favorables à leur vie, furent obligés de se développer en hauteur pour rester toujours à même distance de la surface. Ils formèrent d'abord un rempart circulaire séparé de l'île par un fossé et constituèrent un récif-barrière. Mais, l'affaissement gagnant toujours, le fossé s'est étendu et a fini par constituer la lagune, après que l'île a eu totalement disparu. Il s'en suivrait ainsi qu'un récif-barrière, aussi bien qu'un atoll, seraient les témoins d'un affaissement du sol, et que les derniers devraient être regardés comme des monuments funéraires marquant la place d'une île ensevelie dont ils auraient épousé le contour.

Il faut noter toutefois que, d'après des sondages récents, quelques atolls, comme ceux de Taïti, paraissent s'être établis sur le bord de cratères. Leur forme circulaire proviendrait donc de la forme de l'ouverture près de laquelle ils ont pris pied.

Les mers les plus favorables au développement des polypiers sont l'Océan Pacifique et la mer des Indes.

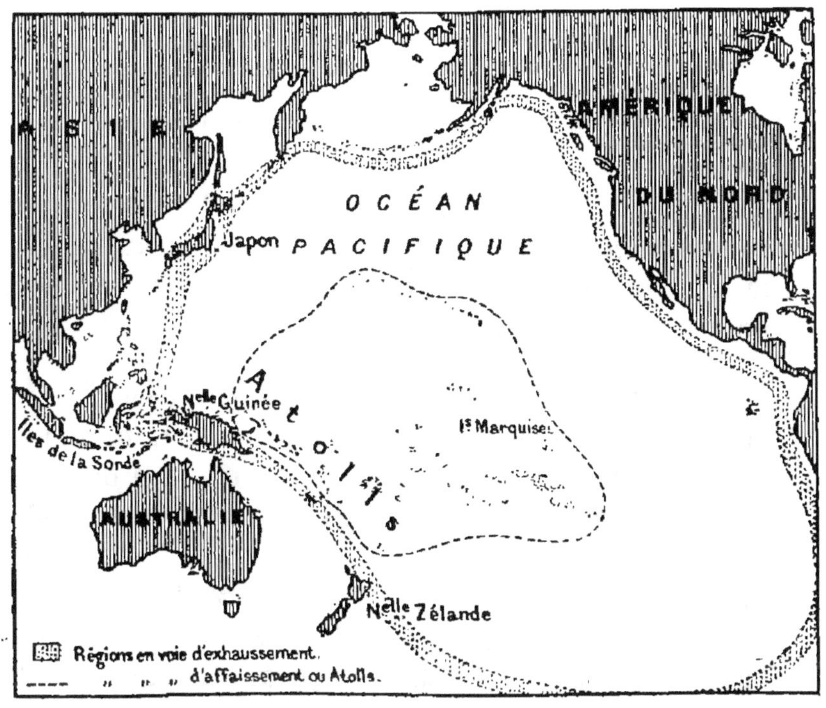

Fig. 27.

Carte montrant les régions du Pacifique qui obéissent à des mouvements d'intumescence et d'affaissement du sol.

C'est dans celle-ci que se trouve le grand archipel coralligène des Maldives. Quant au Pacifique, tout son centre est rempli d'atolls qui donnent aux régions océaniques un aspect singulier. S'ils sont réellement l'indice d'un affaissement de la mer, leur présence est une preuve que ce centre s'abaisse, tandis que les observations faites sur les rivages indiquent un exhaussement du sol. On aurait donc là sous les yeux l'exemple d'une mer qui augmente de profondeur en diminuant d'étendue (fig. 27).

II. — PHÉNOMÈNES MÉTAMORPHIQUES DUS AUX AGENTS INTÉRIEURS

Ces phénomènes consistent, comme nous l'avons vu, dans les changements de structure et de composition que subissent les roches sous l'influence des agents intérieurs. Ils se divisent en deux catégories : les phénomènes de métamorphisme *régional*, et ceux de métamorphisme de *contact*.

Le métamorphisme régional est celui qui se produit sur de grandes surfaces par suite des actions mécaniques auxquelles les révolutions du globe donnent lieu. Dans ce cas, les terrains se compriment, s'échauffent et distillent en quelque sorte l'eau et les matières volatiles qui s'y trouvaient contenues. C'est ainsi qu'aux Alpes, où ces révolutions ont été nombreuses, le gypse ou sulfate hydraté de chaux a été transformé en sulfate anhydre et que des houilles d'origine relativement récentes ont pris les caractères de l'anthracite en perdant leurs matières volatiles. Il arrive aussi à la suite de ces compressions que les terrains tendent à prendre une texture cristalline où à offrir une sorte de feuilleté.

La texture cristalline se manifeste dans toute espèce de roches; mais elle apparaît surtout dans le calcaire, qui devient saccharoïde ou lamellaire; ou bien dans l'argile, qui donne alors naissance à un certain nombre de silicates cristallisés à base d'alumine, tels

que la staurotide, la zircone, l'andalousite, le dis-
thène, etc. L'andalousite surtout offre si bien les caractères d'un produit de métamorphisme que, non seulement au microscope, mais même à l'œil nu, on voit
ses cristaux remplis d'une matière terreuse, qui est
un reste de l'argile qui lui a donné naissance.

Le feuilleté se produit surtout dans les argiles et les
marnes, qui passent à l'état de schistes. Les schistes
sont très communs dans les Ardennes, en Bretagne
et aux Alpes. Les plus durs d'entre eux portent le
nom d'ardoises.

Le métamorphisme de contact résulte de l'action directe
des matières éruptives gazeuses, liquides ou solides

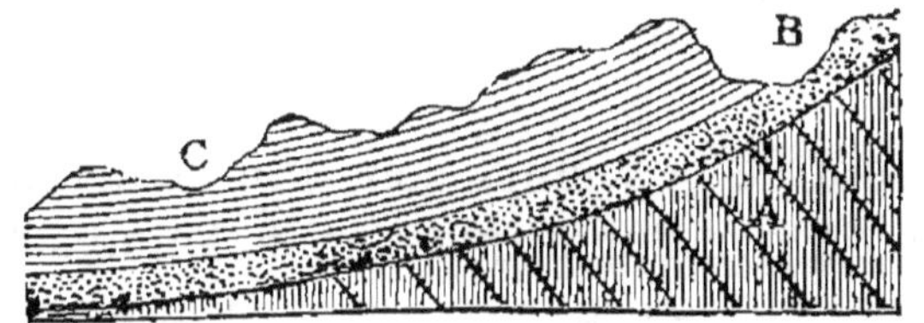

Fig. 28. — Discordance et concordance de stratification.
Les couches A sont discordantes avec la couche B.
La couche B est concordante avec les couches C.

sur les terrains environnants. Ils donnent lieu à
autant de composés différents qu'il peut y avoir de
terrains traversés et de conditions de contact entre
ces terrains et les matières éruptives. Au Vésuve,
par exemple, des calcaires ont été changés en dolomie ou carbonate double de magnésie et de chaux
sous l'influence des vapeurs magnésiennes émises par
le volcan. En Angleterre, on a vu des houilles trans-
formées en coke et des craies converties en marbre au
contact des basaltes. Ailleurs, ce sont des argiles qui
ont été rougies et comme à moitié cuites au voisinage

des filons, ou bien des schistes au sein desquels les émanations internes ont produit des auréoles riches en cristaux de *mica*, d'*idocrase*, de *néphéline*, etc.

Apparition des montagnes; discordances entre les terrains. — Tels sont les phénomènes principaux qui se

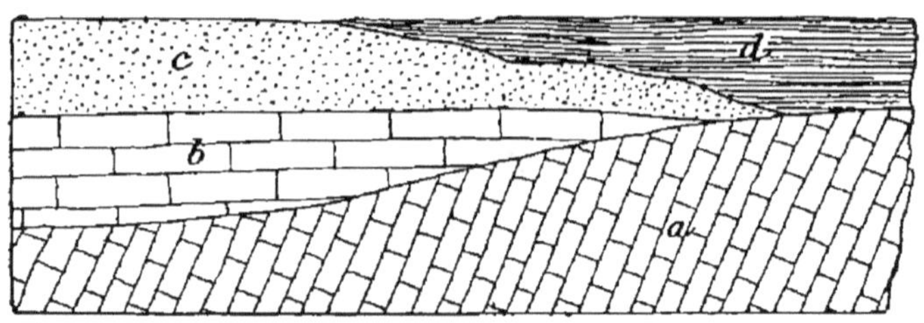

Fig. 29. — Discordance de stratification et stratification transgressive.

Les couches supérieures *b*, *c*, et *d* sont en stratification transgressive les unes par rapport aux autres et en discordance avec la couche *a*.

manifestent de nos jours sous l'influence des agents internes ou pyrosphériques; mais l'étude de la terre démontre qu'à certaines époques il s'est produit, sous l'influence des mêmes agents, un autre genre de phénomènes, d'où est résulté le relief actuel de la terre. Ces phénomènes s'appellent *orogéniques*, parce qu'ils ont eu pour résultat l'apparition des montagnes.

On peut s'en faire quelque idée par l'exhaussement de terrain qui eut lieu en 1835 sur la côte du Chili, et qui atteignit plus de 2000 kilomètres de longueur et par l'escarpement qui se produisit tout à coup en 1855 sur une grande étendue de l'île nord de la Nouvelle-Zélande. L'apparition des montagnes paraît en effet avoir été relativement rapide et avoir affecté de longues zones de l'écorce terrestre.

Chaque fois qu'un phénomène de cette nature s'est

manifesté, il a eu pour effet de soulever les couches sédimentaires préalablement formées, et comme les couches ou strates qui se sont déposées ensuite ont dû buter horizontalement contre elles, il en est résulté ce que les géologues appellent une *discordance de stratification* (fig. 28 et 29). Ces sortes de discordances sont très importantes en géologie, car elles ne servent

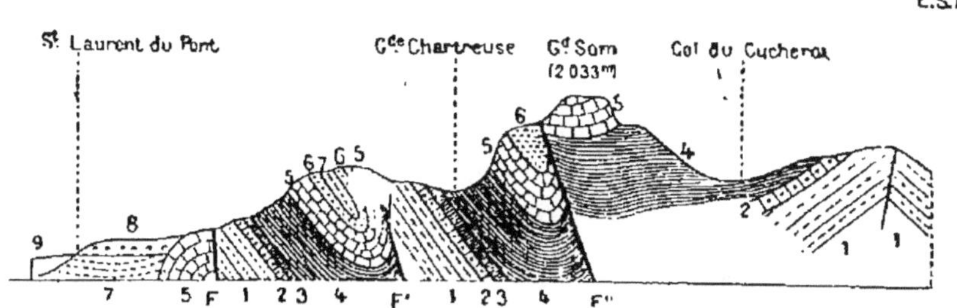

Fig. 30. — Failles et plissements de terrain dans les montagnes de la Grande-Chartreuse, d'après M. Lory.

On voit que les couches 8, qui sont horizontales, sont postérieures au grand soulèvement des Alpes.

pas moins que les empreintes animales ou végétales à distinguer les terrains.

Les mouvements lents d'intumescence et d'affaissement ont aussi donné lieu à des phénomènes qui permettent d'en retrouver la trace. En plaçant tour à tour dans l'eau ou hors de l'eau les rivages des mers, ils leur ont, en effet, permis ou non de recevoir des sédiments, ce qui a donné lieu dans ces plages littorales à un croisement de couches qui porte le nom de *stratification transgressive* (fig. 29). Quelquefois même, par le fait d'une longue émersion, des formations entières ont dû faire défaut, si bien que ce sont des dépôts relativement récents qui recouvrent des terrains beaucoup plus anciens. On dit alors qu'il y a *lacune* dans la sédimentation. La connaissance de ces particularités n'est guère moins importante en géologie que celle de la flore, de la faune et des discordances de stratification résultant du soulèvement des montagnes.

Il est arrivé aussi souvent qu'à la suite des tremblements de terre ou des soulèvements de montagnes, le sol s'est coupé de fissures, et que les bandes de terrain limitées par ces dernières ont été portées à d'inégales hauteurs. C'est ce que l'on remarqua au tremblement de terre qui désola la Calabre en 1783, et pendant lequel, entre autres *phénomènes*, une tour fut divisée par une fente en deux parties, dont l'une s'élevait beaucoup plus haut que l'autre. Ces sortes de particularités portent le nom de *failles;* elles sont très communes dans les Alpes, dans les Pyrénées et dans la plupart des montagnes. On en voit un très bel exemple dans la figure 26, qui représente la disposition des montagnes de la Grande-Chartreuse.

Age des montagnes. — C'est par les discordances de stratification que les géologues ont pu savoir à quelle époque une montagne s'est montrée. Toute montagne est en effet de date plus récente que les terrains qu'elle a soulevés et plus ancienne que ceux qui viennent buter horizontalement contre elle. (Voir fig. 30.)

Mouvements de la mer. — C'est aussi par la présence ou l'absence de telle ou telle formation qu'on est parvenu à savoir si la mer avait ou non occupé telle ou telle région du globe à une période déterminée.

La présence d'une assise marine en un point accuse en effet que la mer y régnait lorsque cette assise s'est formée; son absence indique au contraire que la mer ne s'étendait pas sur ce point, à moins que l'assise n'ait été enlevée par ravinement. Lorsque les couches sont en disposition transgressive, c'est-à-dire que celles qui sont au-dessus n'ont pas la même étendue que celles qui sont au-dessous, on en peut conclure que la mer au sein de laquelle elles se sont formées était sujette à des oscillations.

DEUXIÈME PARTIE

HISTOIRE DU PASSÉ DE LA TERRE

Ainsi que nous l'avons dit, la connaissance du passé de la terre dépend de l'étude des matériaux qui en constituent l'enveloppe, et que l'on nomme les *terrains*. Ces terrains se divisent en trois catégories : les terrains *primitifs*, les terrains *sédimentaires* et les terrains *éruptifs*. Les deux premiers se succèdent régulièrement à la surface de la terre pour en former l'enveloppe et sont par conséquent superposés, les primitifs étant en bas; mais les terrains éruptifs sont de tous les âges, et peuvent se rencontrer dans toutes les formations. Il n'y a donc lieu d'examiner dans l'histoire du globe que les terrains primitifs et les terrains sédimentaires, en notant pour chacun d'eux les matières éruptives qui leur sont associées.

Trois choses surtout y méritent d'attirer l'attention. Ce sont : les éléments constitutifs, qu'on nomme les *roches*; les débris fossiles, à l'ensemble desquels on donne le nom de *faune*, lorsqu'il s'agit des animaux, et de *flore*, lorsqu'il s'agit des végétaux; et l'ordre de succession ou l'âge relatif que présentent ces terrains.

Cet ordre de succession se reconnaît soit à la superposition régulière des couches, soit à la nature des fossiles qu'elles renferment et qui fournissent sous ce rapport des renseignements précieux. Comme, en effet, les formes animales et végétales se sont succédé régulièrement, et que les êtres de même espèce sont aussi de même âge, la présence de telle ou telle forme organique permet de juger si deux couches, souvent très distantes, sont contemporaines ou non. Leur connaissance, jointe à celle des roches, permet aussi de se faire une idée soit de la température de l'atmosphère, soit de l'abondance des pluies, soit de la limpidité et de la profondeur des eaux de la mer aux diverses époques géologiques. Mais on ne connaît rien dans les terrains qui puisse servir de base à la supputation absolue du temps, en sorte que c'est tenter l'impossible que de vouloir déterminer le nombre exact d'années requis pour la formation d'un dépôt quelconque.

TERRAINS PRIMITIFS

On désigne sous le nom de terrains primitifs les plus anciens des terrains qui se montrent à la surface du globe. Leur caractère principal est d'être dépourvus de débris organiques, ce qui les a fait appeler *terrains azoïques* par certains géologues, et de présenter à la fois une structure cristalline et feuilletée, d'où le nom de *terrains strato-cristallins*, qu'on leur donne aussi quelquefois.

On les désigne encore, quoique plus rarement, sous le nom de *formations hydro-thermales*, parce qu'ils portent en eux-mêmes la double empreinte de la chaleur et de l'eau.

Leur limite avec les terrains sédimentaires n'est pas nettement définie, et d'autre part l'on a souvent de la peine à distinguer quelques-uns de leurs éléments des matières franchement éruptives. La constance de leur composition sur de grandes étendues du globe porte à croire qu'ils se sont formés dans des conditions uniformes, tandis que l'absence de débris roulés dans leur sein fait supposer qu'à l'époque où ils se constituaient, il n'y avait pas encore de continent ou d'ilots qui pût leur envoyer des produits de charriage. Beaucoup d'entre eux cependant ont subi des dislocations et des plissements qui, sans changer leur composition intime, y ont produit les nombreuses modifications auxquelles le métamorphisme donne lieu.

Nature des roches. — Les principales roches qui entrent dans leur composition sont : le *granite*, le *gneiss*, les *micaschistes*, les *schistes* divers et un *calcaire*, que l'on désigne sous le nom de calcaire cipolin. Ils renferment aussi, comme roches franchement éruptives, de la *pegmatite*, de la *syénite*, des filons de quartz et de fer magnétique.

Granite. — Le granite est une roche abondante dans les terrains primitifs. Elle est formée de trois éléments : le quartz, le feldspath et le mica. Le quartz est de la silice pure et cristallisée qui, sous sa forme

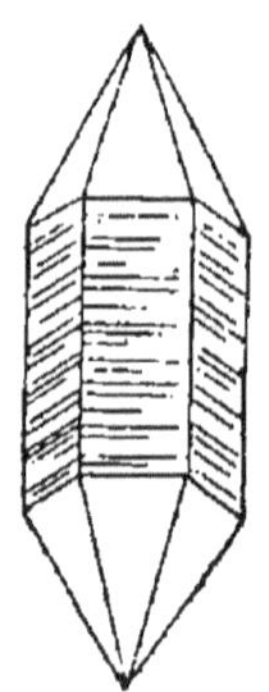

Fig. 31.
Cristal de quartz.

parfaite, présente l'aspect d'un prisme hexagonal bipyramidé, dont les faces verticales sont couvertes de légères stries. Rarement dans les granites il réalise cette forme idéale, et le plus souvent il s'y montre sous la forme de gros grains vitreux, dans lesquels le microscope révèle l'existence de cavités nombreuses. Ces cavités dessinent dans leur ensemble des traînées tortueuses, et renferment ou de l'acide carbonique liquide, ou de l'eau, et parfois même au sein de cette dernière de très petits cristaux de sel marin.

Le feldspath est une combinaison de la silice avec l'alumine et une base généralement alcaline, telle que la potasse et la soude. Il est d'aspect rosé ou blanc de lait, et se présente en cristaux aplatis, dont les faces latérales sont fort développées. La variété que l'on nomme *orthose* est ainsi désignée parce que ses faces latérales font un angle droit avec la face supérieure, ce qui n'a pas lieu dans les autres feldspath. Quant au mica, c'est également un silicate double à base d'alumine ; mais il se distingue du feldspath en ce qu'il se présente toujours en lamelles miroitantes, d'aspect noirâtre ou blanc. De là deux espèces de granite : le granite à mica noir, qui semble plus spécialement former la base des terrains primitifs, et le granite à mica blanc, que l'on rencontre souvent en veines ou en dômes éruptifs au sein du premier. La façon dont ces divers éléments se sont unis indique qu'ils n'ont pu se consolider que dans l'eau chaude. On n'a pu d'ailleurs les reproduire isolément qu'en soumettant leurs principes constitutifs à l'action de l'eau surchauffée.

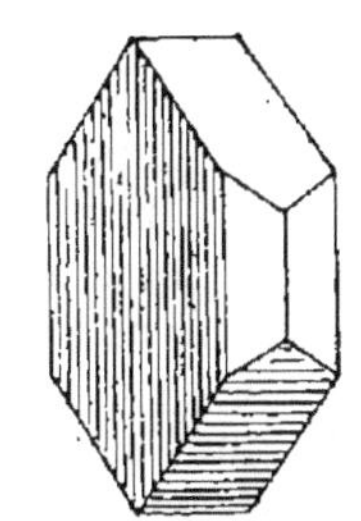

Fig. 32.
Cristal de feldspath orthose.

Gneiss. — Le gneiss est un granite d'aspect rubané, dont l'apparence est due à la distribution par couches des paillettes de mica. On en distingue deux espèces : le gneiss *gris* ou gneiss commun, et le gneiss *rouge*, beaucoup plus riche en silice et beaucoup plus feuilleté que le précédent.

Micaschistes et schistes divers. — Le micaschiste et les schistes ont pour caractère commun de se présenter en lames ou en feuillets. On réserve plus spécialement le premier nom aux roches fort riches en lamelles de mica. Ces dernières contiennent généralement beaucoup de quartz, et renferment souvent des cristaux de grenat. Les autres portent différents noms suivant la nature des substances qu'ils renferment. C'est ainsi qu'on a les *talcschistes,* où domine une matière verte et savonneuse appelée le *talc*; les *chloritoschistes*, où domine un autre matière verdâtre nommée la *chlorite*; et les *amphiboloschistes*, où se trouve l'*amphibole*. On trouve aussi dans les terrains primitifs d'abondants minerais d'étain.

Calcaire cipolin. — Le calcaire cipolin est un calcaire cristallin souvent mélangé de paillettes de mica, et communément exploité comme marbre. On l'appelle *saccharoïde* lorsqu'il est constitué par des grains rappelant ceux du sucre, et *lamellaire* lorsque ses cristaux s'allongent en lamelles. On rencontre quelquefois dans son voisinage des gisements de graphite.

Pegmatite. — La pegmatite est un granite à gros grains dans lequel ordinairement les paillettes de mica sont groupées par taches, en sorte que la pâte est principalement formée de feldspath et de quartz emprisonné dans les fentes du feldspath. C'est cette roche qui, en s'altérant, donne le kaolin, qu'on utilise pour la fabrication de la porcelaine, et qui est très commun aux environs de Limoges.

Syénite. — La syénite diffère du granite en ce que le mica y est remplacé par une substance noire et fibreuse, que l'on nomme *amphibole*. Elle doit son nom à la ville de Syène, en Égypte, au voisinage de laquelle les anciens l'exploitaient, à cause de sa dureté et de ses vives couleurs, pour la confection des obélisques ou la décoration des édifices.

Quartz, fer magnétique et étain. — Le quartz des filons qui traversent les terrains primitifs est une sorte de silice d'aspect gras et de couleur blanc de lait, dont sont imprégnés souvent les schistes. Le fer magnétique est un oxyde salin de fer, de la formule $Fe^3 O^4$, très abondant en Suède et en Norvège. Il y est l'objet d'un commerce actif avec l'Angleterre, à cause de l'excellent acier auquel il donne lieu.

Ordre de succession des formations primitives. — On ne saurait assigner aux formations primitives un ordre de succession parfaitement régulier. Le plus communément toutefois, on trouve à la base le gneiss avec du granite gris, puis les micaschistes, puis enfin les schistes maclifères; le tout étant traversé par des épanchements de granite, de pegmatite, de syénite, etc.

C'est dans cette disposition qu'on les observe au midi de la France, dans la région que l'on désigne sous le nom de Plateau central, et qui constitue le massif montagneux compris entre Mâcon, Lyon, Privas, Mende, Tulle, Châteauroux et Nevers. On les rencontre encore en Bretagne et en Vendée, aux Vosges, aux Pyrénées et aux Alpes. Dans la Bretagne, ainsi qu'au Plateau central, ils se présentent sous la forme d'îlots, autour desquels les autres terrains paraissent être venus se déposer. Ailleurs, ils ne se sont fait jour que sous l'influence de soulèvements qui les ont fait surgir à travers les terrains moins anciens qui les cachaient.

TERRAINS SÉDIMENTAIRES

Les terrains sédimentaires sont ceux qui présentent les caractères de formations effectuées sous l'action de l'eau. Ils sont disposés par *strates*, ou couches, qui furent d'abord horizontales, mais qui ont été dans bien des cas relevées ou plissées par suite de l'action qui a donné naissance aux montagnes. C'est dans ces strates qu'on trouve les fossiles ou débris d'animaux et de végétaux anciens. Comme ceux-ci n'ont pas toujours été les mêmes sur le globe, chaque groupe de couches a ses fossiles spéciaux. Les couches varient de structure et d'aspect suivant la nature des matériaux que charriaient les fleuves qui en ont fourni les éléments et suivant les bassins où elles se sont déposées. La plupart d'entre elles sont marines, c'est-à-dire formées dans les mers; elles contiennent des organismes marins; mais quelques-unes se sont constituées dans les lacs et d'autres au voisinage des cours d'eau. Elles contiennent dans ces cas des fossiles terrestres ou des fossiles d'eau douce.

Les terrains sédimentaires se séparent difficilement à leur base des terrains primitifs, dont ils présentent encore la texture feuilletée; mais ils s'en distinguent cependant par la présence des fossiles et par l'existence de produits d'érosion, c'est-à-dire de charriage, qui prouvent qu'alors la croûte terrestre était constituée et ravinée par les eaux.

Ces terrains sont, en commençant par les plus anciens :

1° Les terrains primaires; 2° Les terrains secondaires; 3° Les terrains tertiaires; 4° Les terrains quaternaires.

Chacun d'eux est caractérisé par une faune et une flore spéciales; mais, à mesure qu'ils se succèdent, on voit les formes organiques se rapprocher de plus en plus de celles de notre époque, ce qui fait qu'on appelle aussi les premiers *paléozoïques* ou à faune ancienne, les seconds *mésozoïques* ou à faune moyenne, les troisièmes *néozoïques* ou à faune récente, et les quatrièmes *homozoïques* ou à faune contemporaine de l'homme.

Tous se subdivisent en étages, les étages en assises, et les assises en zones, en horizons ou en niveaux, qui sont caractérisés souvent par un fossile spécial. C'est ainsi que l'on dit l'étage de la grande oolithe et le niveau de l'ammonites Parkinsoni.

TERRAINS PRIMAIRES

Les terrains primaires sont au nombre de quatre : le silurien, le dévonien, le carbonifère et le permien.

Roches. — Les principales roches qu'ils contiennent sont :

PARMI LES SÉDIMENTAIRES :	PARMI LES ÉRUPTIVES :
Les schistes,	Les granites,
Les grès,	Les syénites,
Les quartzites,	Les diorites,
Les conglomérats,	Les porphyres,
Les calcaires,	Divers filons de quartz et
La houille,	de matières métalliques.

On trouve encore dans ces terrains, comme matières incluses, de la pyrite, du sel gemme, du gypse et de la dolomie.

Fig. 33. — Schistes ardoisiers.

Schistes. — Les schistes primaires sont des roches feuilletées comme ceux des terrains primitifs, mais ils ne présentent presque jamais l'aspect cristallin. La plupart d'entre eux ont la même composition que l'argile, et semblent dus à des compressions éprouvées par cette dernière substance. On sait que c'est aux plus dures et aux moins altérables qu'on donne le nom d'ardoises.

Grès. — Les grès ou *pierres de sable* (sandstein), comme les appellent les Allemands, sont des agglomérations de grains siliceux réunis par un ciment, qui est tantôt de la silice, tantôt du calcaire, tantôt de l'argile.

Ceux des terrains primaires sont appelés *psammites*, lorsque la pâte qui leur sert de ciment est argileuse, et qu'ils sont parsemés de paillettes de mica.

On les désigne sous le nom de *grauwackes* lorsque, avec une pâte argileuse, ils présentent un mélange de silice et de fragments schisteux.

Ils s'appellent enfin *quartzites*, lorsque la pâte et les grains se fondent et sont de la silice cristallisée. Les quartzites impurs portent le nom d'*arkose*.

Conglomérats. — Les conglomérats sont des roches formées de gros fragments *anguleux* ou *arrondis*. Dans le premier cas, on les désigne sous le nom de *brèches;* dans le second cas, on les nomme *poudingues*. Les poudingues témoignent plus que les brèches d'un long charriage, puisque les blocs ont été arrondis.

Calcaire. — Les calcaires des terrains primaires sont généralement amorphes, compacts, et susceptibles de recevoir un beau poli. Beaucoup d'entre eux sont colorés par des matières étrangères qui les font utiliser comme marbre. On distingue surtout les marbres rouges, dont les veines sont dues à des oxydes de fer, les marbres verts, qui doivent leur couleur à des silicates de fer et de magnésie, et les marbres noirs, qui sont colorés par des substances bitumineuses.

Houille. — La houille est un charbon provenant de l'altération des végétaux enfouis dans le sol.

Son origine est à peu près la même que celle de la tourbe, et provient comme elle d'une carbonisation incomplète au sein de l'eau. Cependant si, comme cette dernière, elle paraît avoir été due quelquefois à des végétaux qui croissaient par leur sommet, en même temps qu'ils se carbonisaient par leur base, tout porte à croire que le plus souvent les plantes qui l'ont formée ont subi un charriage vers les lagunes près desquelles elles croissaient.

On en distingue trois variétés : la *houille grasse*, qui est très gazeuse, la *houille demi-grasse*, qui l'est moins, et la *houille maigre*, qui ne l'est presque pas. C'est à côté de cette dernière que se place l'*anthracite*, qui brûle sans flamme ni fumée. La rareté des matières bitumineuses dans certaines houilles tient tantôt à la nature des végétaux qui ont contribué à sa formation, tantôt aux compressions mécaniques qu'elle a subies ; quelquefois, à ces deux causes réunies.

Granite et syénite. — Le granite et la syénite des terrains primaires, ne se distinguent pas des roches de même nature des terrains primitifs. Il n'y a donc rien de spécial à dire à leur sujet, si ce n'est qu'en Norvège, où ils sont abondants, les schistes primaires ont subi un métamorphisme considérable à leur contact. Quelques-unes des auréoles ainsi produites ont jusqu'à 360^m de rayon.

Diorite. — La diorite est une syénite dépourvue de quartz; elle est formée de fibres noires d'amphibole, et de cristaux blancs de feldspath.

Porphyre. — Le porphyre se compose essentiellement d'une pâte feldspathique, au sein de laquelle

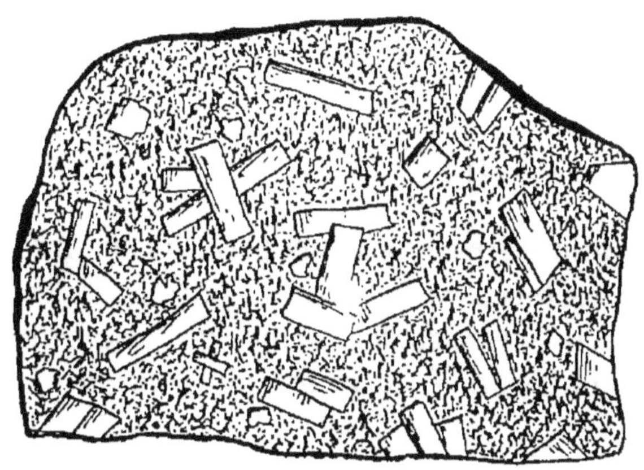

Fig. 34. — Porphyre vert antique montrant les cristaux de feldspath.

apparaissent des cristaux de feldspath. On l'appelle *eurite*, lorsque ces cristaux se sont altérés et qu'il ne reste plus qu'une pâte rouge, et *trapp*, lorsque cette pâte est noirâtre. Les principaux porphyres sont les *porphyres verts antiques* et les *porphyres rouges antiques*, qui étaient très estimés des anciens. On donne le nom de porphyres *quartzifères* à une variété de porphyres dont la pâte est semée de cristaux de quartz.

Filons métallifères. — Les principaux filons métallifères des terrains primaires sont ceux de cuivre et d'étain. Ce dernier minerai est souvent associé à du granite et mêlé à de la fluorine ou fluorure de calcium, qui paraît avoir joué un grand rôle dans sa formation.

Pyrite. — La pyrite est, comme nous l'avons vu, un sulfure de fer de la formule Fe S², qui doit son nom à la propriété qu'il possède de faire feu au briquet. On en distingue deux variétés : la jaune et la blanche.

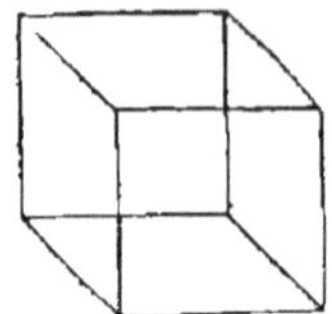

Fig. 35. — Pyrite cubique.

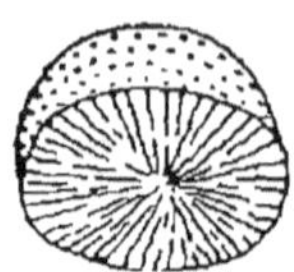

Fig. 36. — Marcassite radiée.

C'est la première que l'on rencontre le plus fréquemment dans les terrains primaires, où elle se présente (fig. 35) cristallisée sous des formes qui appartiennent au système cubique. L'autre est plus commune dans

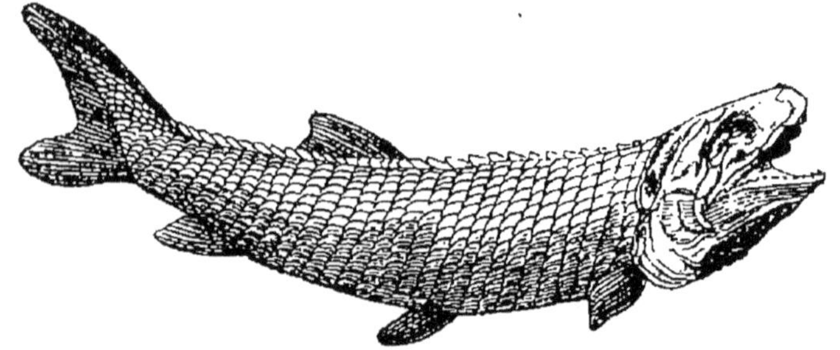

Fig. 37. — Paleoniscus.
Type des poissons ganoïdes hétérocerques de l'époque primaire.

les terrains secondaires, où elle imprègne le tet de certains fossiles, ou bien constitue des rognons globuleux, connus sous le nom de *marcassite radiée* (fig. 36).

Quant au sel gemme, au gypse et à la dolomie, ils se présentent dans les mêmes conditions qu'au sein des formations secondaires, où ils sont très abondants, et paraissent avoir une origine analogue. Il en sera question à propos de ces derniers terrains.

Faune et flore. — Les terrains primaires n'ont présenté jusqu'à ce jour ni mammifères ni oiseaux. Ils renferment seulement, à leur partie supérieure, quelques animaux voisins des batraciens; mais on y rencontre beaucoup de crustacés dont les plus curieux sont les *trilobites*, un nombre déjà considérable d'insectes broyeurs, et une quantité réellement prodigieuse de poissons, que leur enveloppe émaillée et brillante rattache aux *ganoïdes* et que la dissymétrie de leur nageoire caudale fait désigner sous le nom d'*hétérocerques* (fig. 37).

Les mollusques y sont représentés par des céphalopodes de formes très variées, par quelques types de

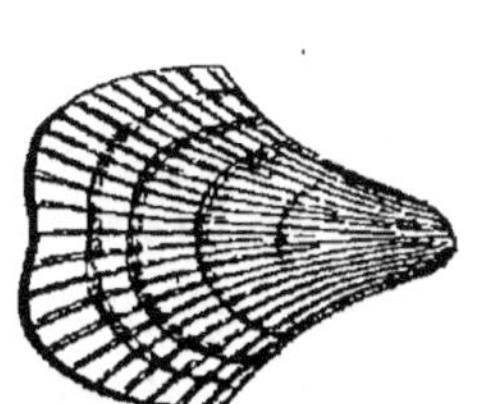

Fig. 38.
Rhynchonelle du silurien.

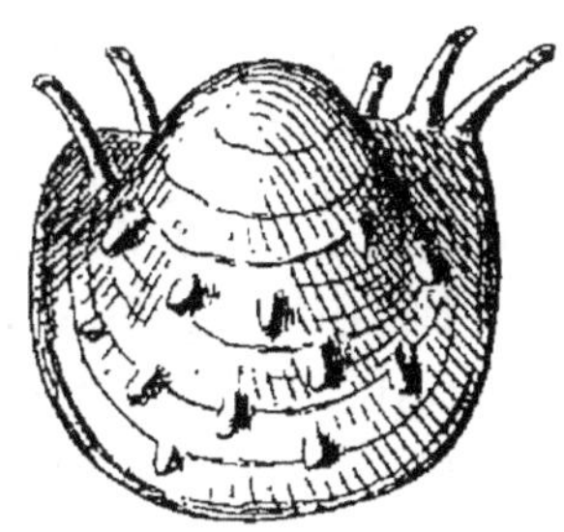

Fig. 39.
Productus de l'époque primaire.

gastéropodes et de lamellibranches, et par beaucoup de brachiopodes, entre lesquels figurent en première ligne les genres rhynchonelles, orthis, spirifer et productus (fig. 38 et 39).

Le nombre des échinodermes y est aussi très considérable, ainsi que celui des polypiers. C'est aux premiers que se rattachent les encrines, qui, avec leurs bras ramifiés, formaient de vraies

Fig. 40.
Graptolithe de l'époque primaire.

forêts sous-marines; et c'est à un groupe voisin des seconds, aux *hydrozoaires*, qu'il convient de rappporter les tiges dentées et fistuleuses, connues sous le nom de *graptolithes* (fig. 40).

Quant à la flore, elle ne présente au début que des traces de végétaux marins; mais peu à peu les espèces terrestres s'y multiplient, pour offrir leur plein épanouissement à l'époque carbonifère. Ils appartiennent pour la plupart à l'embranchement des cryptogames, c'est-à-dire aux végétaux qui, comme les fougères et les mousses, sont dépourvus de fleurs.

Terrain silurien.

RÈGNE DES TRILOBITES ET DES GRAPTOLITHES, PRÉDOMINANCE DES ALGUES

Ce terrain est ainsi désigné du pays des Silures en Angleterre, où il a été étudié pour la première fois.

Il se confond à sa base avec les terrains primitifs, mais il se sépare du dévonien, qui le surmonte, soit par des discordances de stratification, soit par les caractères de ses *fossiles*.

On peut le subdiviser en deux grands étages : le *cambrien* à la base et le *silurien* proprement dit au sommet [1].

Faune et flore. — Ce terrain renferme déjà quelques poissons, mais il est surtout remarquable par le développement réellement prodigieux des trilobites, par

[1] On donne généralement maintenant le nom de *précambrien* aux formations géologiques qui semblent former la transition entre les terrains primitifs et les premières assises cambriennes de la base du silurien. Ces formations ne contiennent pas encore de fossiles reconnaissables, mais on y trouve des traces charbonneuses qui font supposer l'existence de végétaux inférieurs tels que les algues.

l'existence des graptolithes, et par l'épanouissement des céphalopodes de la famille des nautiles. On y rencontre aussi des *rhynchonelles* et des *spirifers* annonçant la faune dévonienne.

La flore n'y est représentée que par des algues et quelques plantes de la famille des *lycopodiacées*. On y a longtemps rattaché des impressions entrecroisées, nommées *bilobites*, que l'on regardait comme des empreintes de fucoïdes. Mais il est plus probable que ce sont des traces laissées dans la vase par la marche des vers.

Trilobites. — Les trilobites, qui *caractérisent* le silurien, étaient des crustacés voisins de nos cloportes. Ils avaient le corps divisé longitudinalement en trois segments, dont un médian et deux latéraux, et en trois lobes transversaux, la tête, le thorax et le pygidium.

Les anneaux du thorax étaient souvent mobiles, ce qui permettait à l'animal de s'enrouler sur lui-même ; plusieurs d'entre eux présentaient des yeux réticulés, analogues à ceux des mouches.

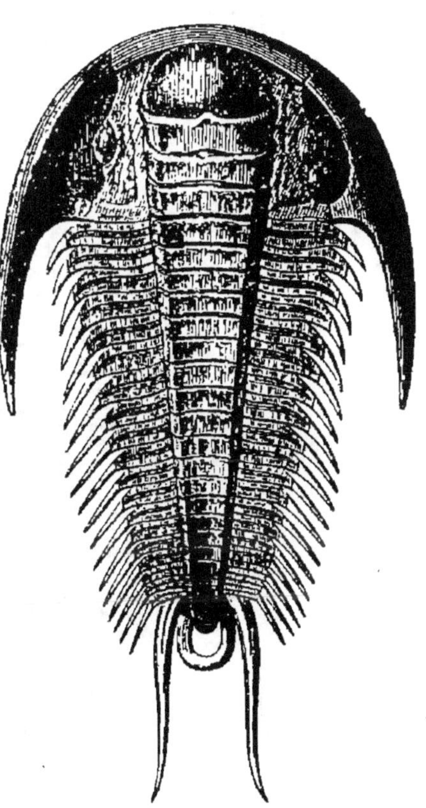

Fig. 41. — Paradoxide.

Les plus importants à signaler sont les paradoxides, les trinucléides et les calyménides.

Les *paradoxides* avaient la tête armée de deux grandes pointes qui se portaient en arrière; leur thorax était très développé et comprenait de 16 à 20 anneaux, mais leur pygidium était petit (fig. 41).

Les *trinucléides* avaient une tête formée de trois saillies en forme de noyaux, et entourée d'un limbe perforé qui se terminait en arrière par des pointes analogues à celles des paradoxides. Le thorax ne comptait que peu d'anneaux, et le pygidium y était relativement développé (fig. 42).

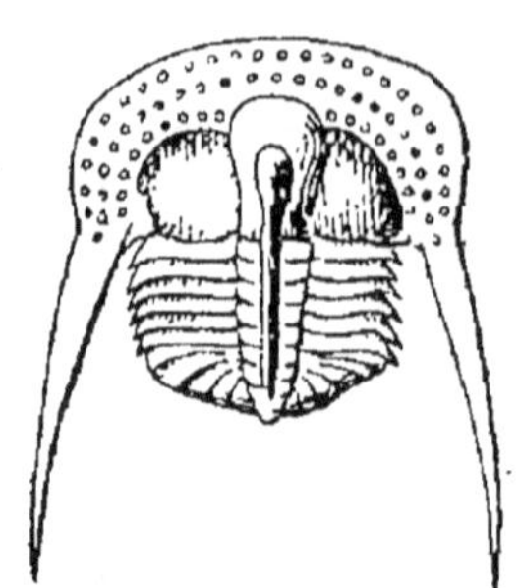

Fig. 42. — Trinucléide.

Les *calyménides* étaient dépourvues de limbes et de pointes génales et se fai-

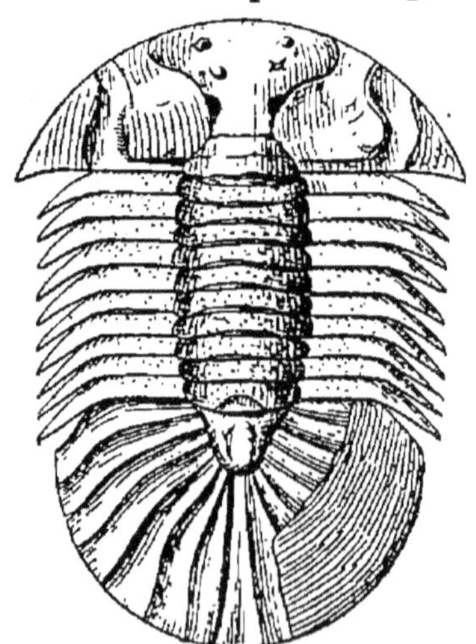

Fig. 43. — Calymène.

saient remarquer par un développement à peu près égal de la tête, du thorax et du pygidium; un de leur genre le plus remarquable était celui des calymènes, auquel elles doivent leur nom (fig. 43).

Céphalopodes. — Ainsi que nous l'avons dit, les céphalopodes siluriens appartenaient à la famille des nautiles. Leur coquille était toujours divisée transver-

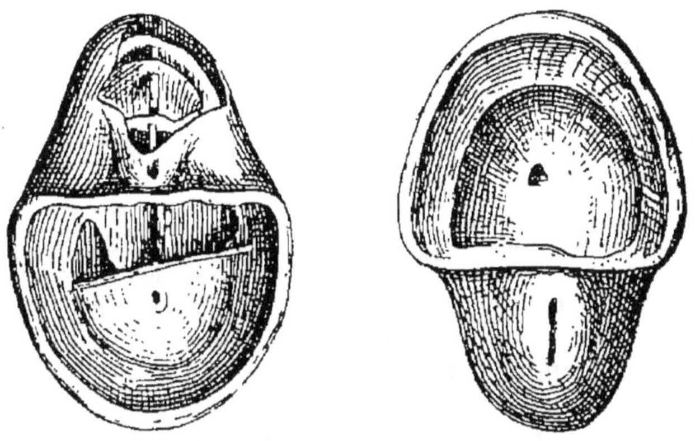

Fig. 44 et 45. — Nautiles de l'époque primaire faisant voir le siphon, d'après Barrande.

salement par des cloisons simples, que traversait (fig. 44 et 45) en leur milieu un siphon analogue à celui des nautiles actuels. Les plus nombreux étaient les *orthocères* à coquille droite, les *cyrthocères* à coquille arquée, et les *nautiles* proprement dits.

Graptolithes. — Les graptolithes ou polypiers hydraires, dont nous avons déjà parlé (p. 47), offraient aussi des formes très variables. Quelques-uns étaient droits, d'autres roulés en crosse, d'autres disposés en spirale, d'autres ramassés en boule, etc. De là les dénominations très diverses sous lesquelles on les désigne.

Distribution géographique. — Le terrain silurien est abondamment répandu sur le contour des terrains granitiques en Angleterre, en Scandinavie, dans la Russie septentrionale, en Bohême et en Bretagne. Il forme dans l'Ardenne un pointement dont le contact avec les terrains primitifs n'est pas visible. Il occupe aussi en Amérique une surface considérable au voisinage du fleuve Saint-Laurent, ce qui fait que l'on donne quelquefois le nom de *laurentiennes* aux plus anciennes de ses assises.

La Bohême est la région où il a été le mieux étudié et où la superposition de ses couches est le plus facile à suivre.

1er étage cambrien. — L'étage cambrien est généralement peu défini. On peut cependant lui rapporter toutes les formations qui correspondent à ce que l'on a désigné sous le nom de *faune primordiale*. Cette faune est principalement constituée par des tribolites de la famille des paradoxides et quelques brachiopodes du genre *lingula*. Les couches qui la renferment sont presque partout des schistes ardoisiers et ne se distinguent guère à leur base des schistes cristallins primitifs que par ces fossiles et quelques produits d'érosion que l'on y rencontre çà et là. Cet étage est la seule partie du silurien visible dans l'Ardenne, où il est à la fois remarquable par son épaisseur et par les ardoises qu'on en extrait.

Étage silurien proprement dit. — L'étage silurien proprement dit comprend une série de couches alternativement gréseuses, calcaires et schisteuses dans lesquelles se trouvent des fossiles, qui constituent ce que l'on appelle les faunes *seconde* et *troisième*. Il renferme à sa base des tribolites du groupe des *trinucléides* et à son sommet ceux du groupe des *calyménides*. C'est généralement vers son milieu que se montrent les graptolithes.

Les mollusques y sont répartis différemment suivant les régions. En Bohême, les céphalopodes s'y montrent avant les brachiopodes, tandis qu'en Angleterre ce sont les brachiopodes qui apparaissent les premiers. Parmi les lamellibranches, l'un des plus importants à citer est la *cardiola interrupta* qui se trouve presque toujours au niveau supérieur (fig. 46).

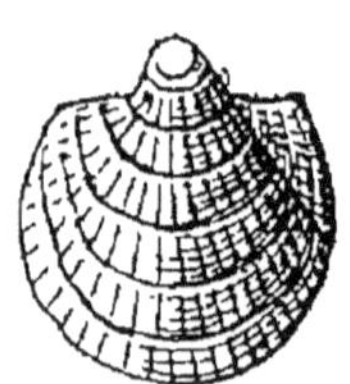

Fig. 46.
Cardiola interrupta
du silurien.

C'est de cet étage qu'on extrait les ardoises d'Angers et certains minerais de fer de l'Espagne, de la Bretagne, de la Normandie, de l'Angleterre, de l'Amérique du Nord et des environs de Prague.

Terrain dévonien.

RÈGNE DES POISSONS PLACODERMES OU CUIRASSÉS ET DES SPIRIFERS

Le terrain *dévonien* doit son nom au comté de Devon en Angleterre, où il a été étudié avec beaucoup de soin par les géologues anglais. Les Écossais l'appellent *vieux grès rouge* à cause des conglomérats et des grès rougeâtres qui le constituent en grande partie dans cette région.

On sait qu'il se sépare quelquefois du silurien par une discordance de stratification, mais il ne se distingue guère du carbonifère que par les caractères de ses fossiles et la nature de ses roches.

On le divise en trois étages : le *rhénan*, l'*eifélien* et le *famennien*.

Faune et flore. — A l'époque où ce terrain se formait, les graptolithes avaient complètement disparu ; les trilobites et les orthocères étaient en décroissance marquée. Mais en retour il y avait un épanouissement remarquable des poissons. C'est à cette époque aussi que les céphalopodes désignés sous le nom de *goniatites* et que les spirifers eurent leur maximum de développement. Il y avait aussi beaucoup de crinoïdes et de polypiers.

La flore était encore, en majorité, représentée par les végétaux aquatiques du groupe des fucoïdes. Quelques espèces terrestres, telles que les lycopodiacées, les calamites s'y montraient comme les précurseurs de la flore carbonifère; mais elles étaient généralement chétives et rabougries.

Poissons. — La majeure partie des poissons de cette époque avaient la tête couverte d'un épais bou-

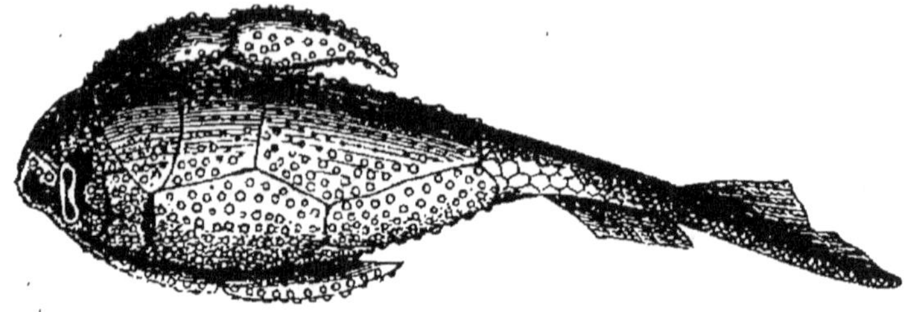

Fig. 47. — Poisson dévonien.

clier, d'autres étaient emprisonnés dans des plaques osseuses et portaient près de la tête des nageoires en forme d'ailes. On les rencontre surtout en Angleterre et en Russie.

Goniatites. — Les goniatites ressemblaient extérieurement aux nautiles, mais ils s'en distinguaient par leur siphon, qui était situé vers l'extérieur, et par les traces anguleuses des loges sur le contour de la coquille (fig. 48). On en trouve beaucoup dans certains marbres, spécialement dans le marbre *griotte*, dont les taches sont le plus souvent dues à des coquilles de goniatites.

Fig. 48.
Goniatite du dévonien.

Spiriférides. — Les spiriférides étaient des brachiopodes, dont les bras se trouvaient soutenus par une charpente calcaire spiralée. Le principal de leur genre, celui des spirifers, avait une coquille divisée longitudinalement en trois lobes, dont le médian formait un bourrelet sur l'une des valves, tandis que les deux latéraux s'étendaient en forme d'ailes (fig. 49 et 50). Ces brachiopodes varient généralement d'aspect suivant qu'ils appartiennent au dévonien inférieur ou au dévonien supérieur. Les premiers n'ont

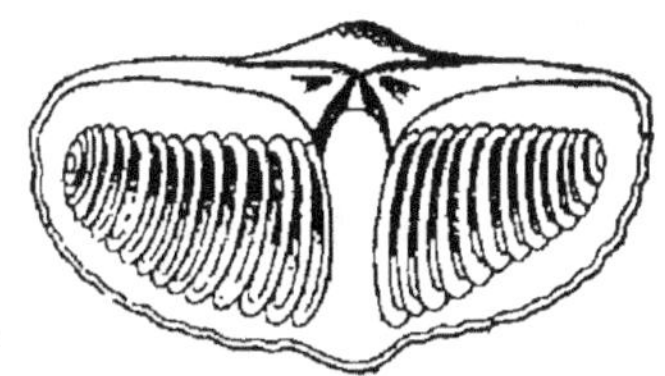

Fig. 49. — Spirifer ouvert pour faire voir les bras spiralés.

pour la plupart de stries que sur les ailes ; les autres en ont en même temps sur les ailes et sur le bourrelet.

On rattache encore aux spiriférides l'*atrypa reticularis*, à coquille réticulée, et la *spi-*

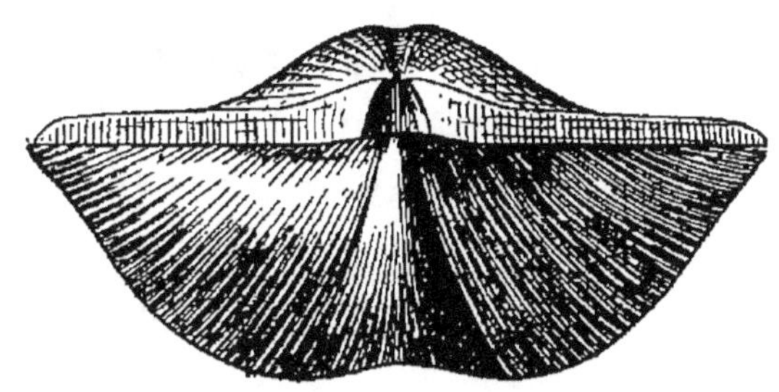

Fig. 50. — Spirifer Verneuilli vu par l'extérieur des valves.

rigera concentrica, couverte de lignes concentriques fines et à peu près équidistantes.

Polypiers. — Les principaux représentants des polypiers étaient les *cyatophyllum* (fig. 51) et les *favosites*. Les premiers avaient un calice large et rayonné. Les seconds présentaient des cavités tubuleuses dépourvues de cloisons.

On rattache aussi aux polypiers deux fossiles curieux.

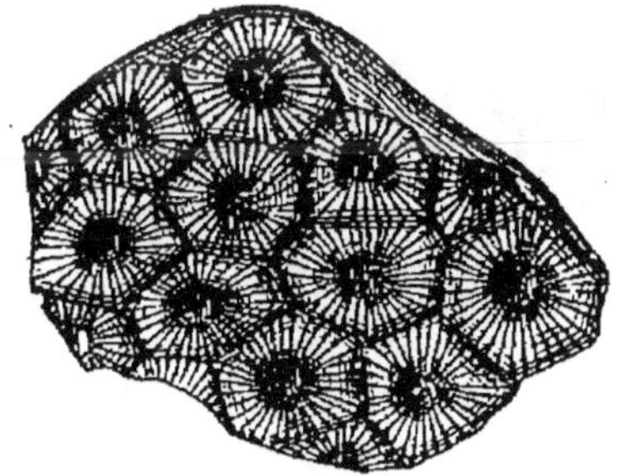

Fig. 51. — Cyatophillum hexagonum.

Le premier est le *pleurodyctium*, formé de cloisons perforées au centre desquelles se trouvent presqué toujours les traces d'un ver, et le second, la *calceola sandalina* qui ressemble

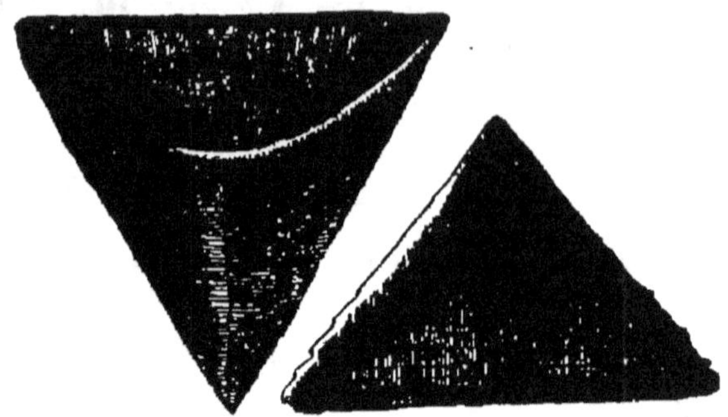

Fig. 52. — Calceola sandalina.

grossièrement à une sandale chinoise (fig. 52.)

Distribution géographique. — Le terrain dévonien se montre en Russie, en Angleterre, en Écosse, en Espagne, en Bretagne et sur les bords de la Meuse et du Rhin. C'est dans ces deux dernières régions qu'il présente le plus beau développement.

Étage rhénan. — L'étage rhénan, ainsi nommé du grand développement qu'il présente aux bords du Rhin, est principalement formé de grauwacke, d'arkose et de grès, au nombre desquels se distinguent les grès d'Anor, près d'Avesnes, utilisés pour le pavage des rues. Les fossiles les plus communs sont le *pleurodyctium problematicum*, le spirifer *lævicosta* et la *leptæna depressa* (fig. 53).

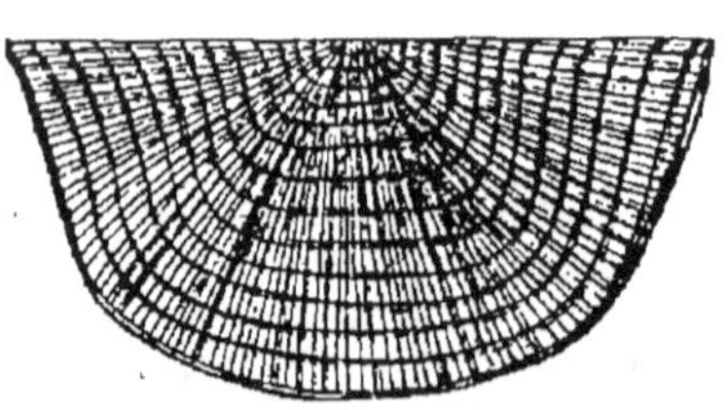

Fig. 53. — Leptæna depressa.

Étage eifélien. — L'étage eifélien doit son nom à la région de l'Eifel située entre la Meuse et le Rhin. Il débute généralement par des schistes contenant des *calcéoles* et le *spirifer speciosus* (fig. 54), et se termine par des calcaires compacts où l'on trouve beaucoup de cyatophyllum, de favosites et un brachiopode voisin des spirifers : le *strigoce-*

Fig. 54. — Spirifer speciosus.

Fig. 55. — Strigocephalus Burtini.

phalus Burtini (fig. 55). C'est à ce dernier niveau qu'appartient le calcaire gris de Givet, exploité comme marbre.

Étage famennien. — L'étage famennien tire son nom du pays de la Fa-
menne, dans l'Ardenne. Il est formé,
suivant les régions, de schistes, de calcaires, de grès ou d'une alternance de
ces diverses roches. C'est du calcaire
rougeâtre que l'on rencontre souvent
à ce niveau, que l'on extrait le marbre
rouge de Flandre et la plupart des marbres griotte et de Campan.

Fig. 56.
Rhynchonella cuboïdes.

Il renferme comme fossiles caractéris-
tiques le *spirifer Verneuilli* (fig. 50), et une rhynchonelle de
forme cubique, la *rhynchonella cuboïdes* (fig. 56).

Terrain carbonifère.

RÈGNE DES PRODUCTUS ET DES VÉGÉTAUX ACROGÈNES

Le terrain carbonifère tire son nom des nombreuses
mines de charbon qu'il renferme.

On peut le diviser en deux étages : l'étage *anthracifère* à la base et l'étage *houiller* au sommet.

Chacun de ces deux étages présente deux faciès,
ou deux aspects : un faciès marin et un faciès terrestre.

Faune et flore. — L'époque carbonifère fut témoin

de l'apparition des premiers reptiles, et de la disparition des derniers trilobites.

Fig. 57. — Principaux végétaux de l'époque houillère.

A. Calamites.   E. Sigillaire.
B. Fougère arborescente.   F. Lépidodendron.
C. Fougère herbacée.   G. Calamodendrons.
D. Cordaïtes.   H. Astérophyllites.

Aux poissons cuirassés ou placodermes (fig. 47) de
l'époque précédente succédèrent les *ganoïdes écail-
leux* (fig. 37), qui s'y trouvèrent associés à des types

voisins des sélaciens actuels. Les *spirifers* y diminuèrent de nombre et de variétés de forme, pour faire place aux gastéropodes des genres évomphales et bellérophons (fig. 61 et 62), ainsi qu'aux brachiopodes du genre *productus* qui caractérisent la formation. Ceux-ci étaient dépourvus d'appareils spiralés et n'avaient qu'une de leurs valves convexe; l'autre était plane ou concave (fig. 39).

C'est aussi pendant le carbonifère que se montrèrent les insectes broyeurs et que les crinoïdes anciens atteignirent leur maximum de développement. Il y eut également beaucoup de polypiers du genre *amplexus* et de protozoaires du genre *fusulines*.

Mais c'est surtout par leurs nombreux débris végétaux que les formations carbonifères se distinguent des autres terrains. Il y avait, en effet, à cette époque d'immenses forêts, où un grand nombre de cryptogames vasculaires se trouvaient associés à des types précurseurs des gymnospermes (fig. 57).

Ils appartenaient à des genres amis des terres humides et chaudes, et paraissent avoir poussé dans le voisinage de *lagunes* ou de *lacs*.

Les plus importants parmi les cryptogames étaient les *lépidodendrons*, les *calamites*, les *sigillaires* et les *fougères;* aux gymnospermes se rattachaient les *cordaïtes* et les *calamodendrons* (fig. 57).

Lépidodendrons. — Les lépidodendrons étaient des végétaux voisins des lycopodiacées actuelles. Ils élevaient très haut leur tige dichotomée sur laquelle de nombreuses cicatrices, en forme de losanges, dues sans aucun doute à l'insertion des feuilles, dessinent des spirales serrées.

Calamites. — Les calamites se rapprochaient de nos

prêles et présentaient comme elles une tige fistuleuse, cannelée et subdivisée en articles. Seulement la plupart d'entre elles étaient arborescentes, et pouvaient atteindre un diamètre considérable. C'est probablement au groupe des calamites qu'il convient de rattacher les annularia et les astérophyllites, dont les feuilles étaient verticiliées et qui paraissent avoir flotté au sein de l'eau à la façon des *nénuphars*.

Fougères. — Les fougères de l'époque carbonifère

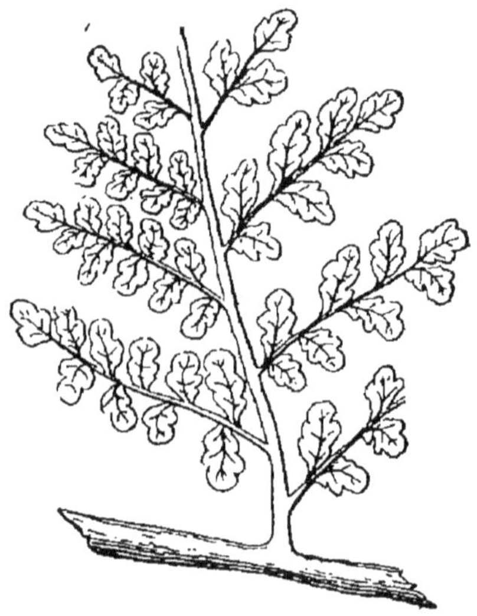

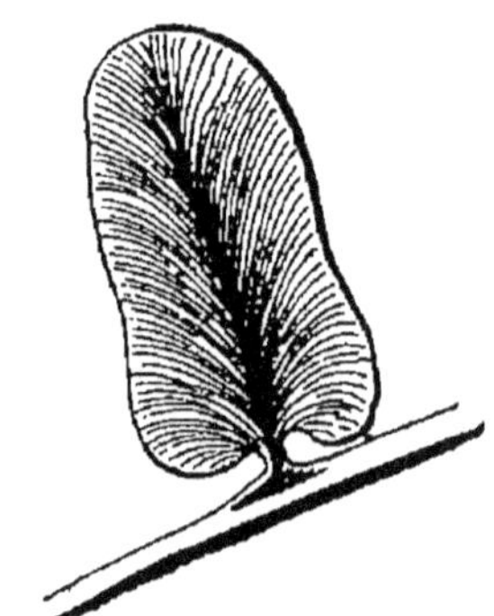

<table>
<tr><td>Fig. 58. — Sphenopteris.</td><td>Fig. 59. — Neuropteris.</td></tr>
</table>

appartenaient à plusieurs types distincts et se faisaient surtout remarquer par la grande variété de formes que présentaient leurs frondes ou feuilles. Un grand nombre d'entre elles étaient aussi arborescentes, et s'élevaient quelquefois à trente mètres de hauteur. Les plus connues sont les *sphenopteris*, dont les frondes avaient leurs folioles secondaires (fig. 58) ou *pinnules* découpées par de nombreuses dentelures; les *neuropteris* (fig. 59), chez lesquelles les pinnules

étaient entières, larges et rattachées par un pédon-
cule étroit à l'axe ou
rachis principal de la
fronde; et les *aletho-
pteris* (fig. 60) sur les
folioles desquelles se
trouvaient des ner-
vures allant jusqu'au
rachis principal, ce
qui les rendait presque
embrassantes pour ce dernier.

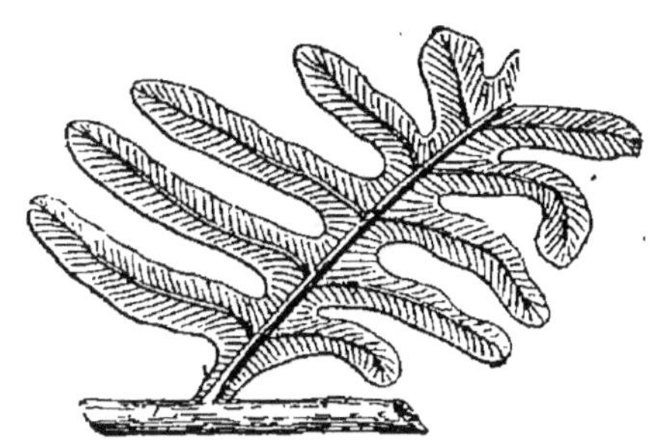

Fig. 60. — Alethopteris.

Sigillaires. — Les sigillaires, ainsi désignées des
impressions en forme de sceaux qui en recouvrent
le tronc et qui s'y succèdent suivant des lignes verticales, formaient de grandes tiges droites, dont la
structure rappelle celle des cycadées. Elles avaient
pour racines les *stigmariées*, sorte de rhizomes souterrains, auxquelles on les trouve encore rattachées
dans une couche schisteuse des houillères du York-
shire en Angleterre.

Cordaïtes. — Les cordaïtes étaient des végétaux à
feuilles larges et rubanées, dont la tige se ramifiait
à la façon de celle des arbres de nos forêts. Ils avaient
la structure des cycadées avec des organes de repro-
duction qui les rattachaient aux conifères de la famille
actuelle des salisburiées.

Calamodendrons. — Les calamodendrons constituaient
des arbres gigantesques de 30 ou même 40 mètres
d'élévation dont la tige avait l'apparence de celle des
calamites, mais dont le bois renfermait les fibres
caractéristiques des gymnospermes.

Tous ces végétaux ne furent pas rigoureusement

contemporains, mais ils se succédèrent peu à peu durant la formation du terrain carbonifère. Les premiers qui apparurent furent les sphenopteris et les lépidodendrons, déjà contemporains du dévonien ; puis vinrent les calamites et les sigillaires ; puis enfin les calamodendrons et la plupart des fougères arborescentes. Ce sont généralement ces dernières qui dominent dans les formations houillères du plateau central ; celles de l'Angleterre, de la Belgique et du nord de la France appartienent à l'ère des sigillaires et des calamites.

On croyait autrefois que ces végétaux divers se trouvaient confinés dans la zone tempérée de l'hémisphère boréal ; mais on en a découvert récemment au Groënland, en Chine, et dans le voisinage de l'équateur. Il faut donc en conclure qu'à cette époque les conditions requises pour leur développement étaient réalisées sous toutes les latitudes.

Distribution géographique. — Le terrain carbonifère

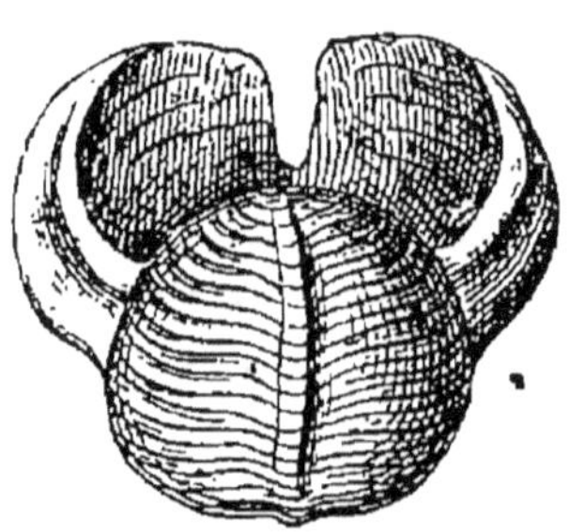

Fig. 61.
Bellérophon du carbonifère.

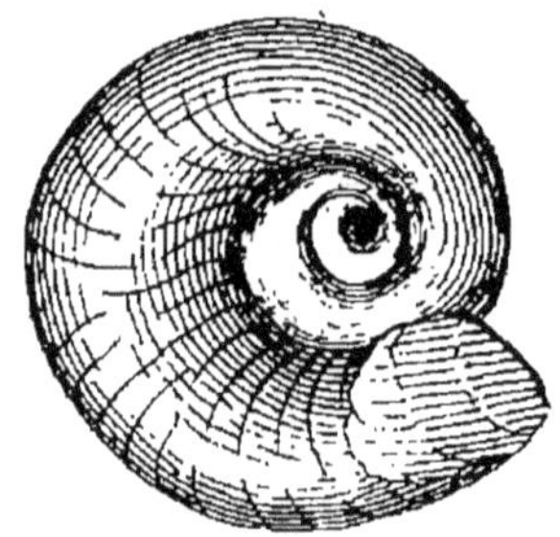

Fig. 62.
Évomphale du carbonifère.

forme actuellement de grands bassins répartis à la surface des terrains primitifs et des terrains siluriens et dévoniens, où il est presque toujours recouvert par des formations plus récentes qui l'ont protégé, ce qui fait supposer qu'aux endroits où celles-ci font défaut, elles ont pu être souvent entraînées par l'érosion.

Les plus connus de ces bassins sont, en Europe, ceux de la Grande-Bretagne, du nord de la France, de la Belgique, de la Westphalie, de la Saxe, de la Silésie, de la Russie, du contour du plateau central et du nord de l'Espagne. L'Amérique et la Chine en renferment aussi de très importants.

Étage anthracifère. — L'étage anthracifère est constitué dans les environs de Roanne par des grauwackes porphyriques au sein desquelles se rencontrent des lits d'anthracite plus ou moins renflés. Dans le nord de la France, ainsi qu'en Angleterre et en Belgique, la masse est formée de calcaires noirâtres et compacts qui renferment un grand nombre de *productus,* d'*évomphales* (fig. 62), de *bellérophons* (fig. 61) et des *spirifers* voisins de ceux du dévonien supérieur. C'est à ce terrain qu'appartiennent les calcaires de Tournai, des Écaussines et de Visé, si communs en Belgique et dont quelques-uns forment le marbre appelé le *petit granit.*

En Allemagne cet étage passe insensiblement à une formation gréseuse, que l'on nomme le *culm.* Le culm recouvre d'abord le calcaire carbonifère en Westphalie et finit par le remplacer totalement plus à l'est en présentant des lits de houille, car les houillères de la Russie méridionale paraissent devoir être placées à ce niveau.

Étage houiller. — L'étage houiller est formé dans l'Europe occidentale par des schistes et des grès auxquels se trouvent intercalées des couches de houille souvent nombreuses. Mais près de l'Oural, ainsi que dans l'Amérique septentrionale, les formations appartenant à cet âge sont des calcaires marins pétris de protozoaires désignés sous le nom de *fusulines.*

Les principaux dépôts houillers de cette époque sont ceux d'Angleterre, de Belgique, du nord de la France et des environs du plateau central, spécialement ceux de Saint-Étienne et d'Autun.

Les dépôts houillers de Belgique et du nord de la France forment un immense bassin en forme de croissant qui s'étend de la partie nord du département du Pas-de-Calais jusqu'aux environs de Liège et d'Aix-la-Chapelle, et qui comprend les charbonnages de Lens, d'Anzin, de Mons, de Charleroy, etc. Les couches y sont très nombreuses et régulièrement disposées vers le nord, tandis qu'elles sont très bouleversées vers le midi. On y distingue à peu près parallèlement au bassin trois zones de charbons : les charbons maigres, les charbons gras et les charbons demi-gras. Çà et là des fossiles marins, engagés à divers niveaux dans des schistes ou des grès, accusent qu'alors le sol était assez mobile pour permettre à la mer d'envahir momentanément les bassins où poussaient les végétaux.

A Saint-Étienne, les couches sont moins nombreuses, et d'âge un peu plus récent que dans le nord; mais elles sont coupées par de nombreuses failles. C'est dans une des mines de ce bassin qu'on rencontre des tiges végétales debout.

Les divers bassins houillers produisent des quantités très inégales de houille. Aucun pays sous ce rapport ne peut rivaliser avec l'Angleterre ou avec la Belgique, si l'on tient compte de l'étendue du territoire et du nombre relatif des habitants. L'Angleterre fournit en effet plus de 180 millions de tonnes de houille par an. La Belgique, plus de 12 millions. La France, de 22 à 25 millions. L'Allemagne de 70 à 80 millions.

Si l'on songe que cette exploitation ne fait que s'accroître chaque jour, on peut prévoir que le moment viendra où les mines d'Europe seront épuisées. Ce seront alors d'autres pays tels que l'Amérique et la Chine, dont les réserves paraissent immenses, qui alimenteront l'Europe.

En France, les mines de houille qui donnent le plus fort rendement sont celles de la région du nord. Elles fournissent en moyenne par année 12 millions de tonnes de ce combustible : c'est à peu près la moitié du rendement de tout le pays.

Permien.

AGE DU PRODUCTUS HORRIDUS ET DES WALCHIA

Le permien est ainsi appelé du territoire de Perm, en Russie, où il atteint son plus grand développement. On le désigne aussi sous le nom de *pénéen*, à cause de sa pauvreté en fossiles.

Ce terrain ne comporte pas de subdivisions analogues à celles des autres terrains primaires, car il n'a généralement que peu d'épaisseur. Cependant, lorsqu'il est suffisamment développé, on peut y reconnaître plusieurs niveaux.

Faune et flore. — Sa faune n'a pas fourni jusqu'ici plus de trois cents espèces, mais elle est remarquable par la présence d'un certain nombre de reptiles précurseurs de l'époque secondaire, et par des formes variées de poissons ganoïdes à petites écailles, au nombre desquels il faut citer le *paléoniscus* (fig. 37). Le principal représentant des mollusques était alors un *productus* couvert de tubes épineux, le *productus horridus* (fig. 64).

Quant à la flore, elle ne présente plus que quelques espèces de calamites arborescentes et de sigillaires associées à des fougères rabougries ; mais elle est remarquable par la prédominance des *walchia* (fig. 63), sorte de conifères voisins des araucaria actuelles, dont les branches se montrent souvent chargées d'organes reproducteurs.

Fig. 63.
Productus horridus du permien.

Distribution géographique. — Le terrain permien s'observe non seulement en Russie, mais encore dans la Bohême, dans la Saxe, en plusieurs points de l'Angleterre, et dans les environs d'Autun, de Lodève et de Fréjus, en France.

C'est en Allemagne qu'il a été le mieux étudié et que ses subdivisions sont le plus faciles à suivre.

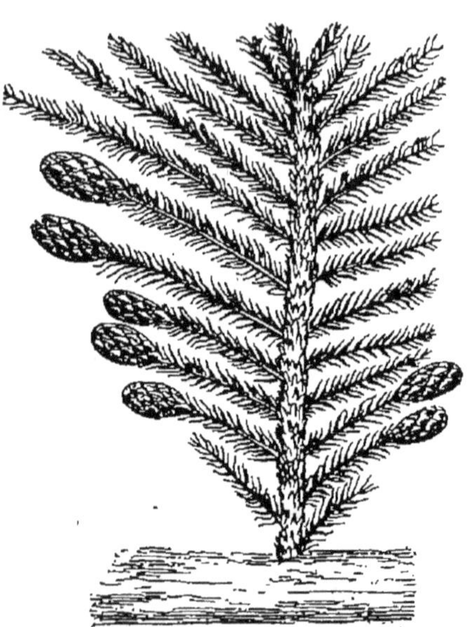

Fig. 63. — Walchia piniformis du permien.

Les grès en forment le plus souvent la base, et sont généralement constitués par des grains anguleux de feldspath, plus ou moins altéré ou mélangé de débris de porphyre. Leur couleur dominante est le rouge brique, généralement due à des oxydes ferrugineux. C'est dans les parties supérieures de ces grès que l'on rencontre le *walchia piniformis*. A Autun, cette formation renferme de la houille, et présente beaucoup de végétaux silicifiés, qui ont pu être réduits en lames minces, et étudiés comme des végétaux actuels.

Viennent ensuite des schistes bitumineux qui n'atteignent, le plus souvent, qu'une faible épaisseur; mais qui sont remarquables par la présence d'un minerai de cuivre assez riche en argent. C'est là qu'on trouve le plus grand nombre des poissons de l'époque; ils semblent y avoir été détruits par les

émanations métallifères dont les schistes sont imprégnés.

Un calcaire magnésien couronne le dépôt, et présente des assises bien stratifiées à la base, mais ter-
reuses et pulvérulentes vers le sommet.

C'est à ce niveau qu'on trouve le *productus horridus*,
ainsi que le sel gemme et le gypse, exploités en
Russie et dans l'Allemagne du Nord, principalement
à Staasfurt.

Aperçu général sur la période primaire.

Partout où les formations primaires se rencontrent
avec un développement suffisant, leurs premières
assises offrent les caractères de dépôts effectués dans
des mers qui étaient en libre communication les unes
avec les autres, car elles ont presque toujours la
même structure, et renferment généralement les
mêmes fossiles sur de grandes surfaces.

Mais vers la fin de cette période les conditions
changèrent; la grande variété d'aspect des dernières
formations carbonifères accuse que le sol de l'Europe
s'était alors exhaussé, et qu'il s'était produit soit des
bassins locaux, soit des lagunes au voisinage desquelles
se développèrent les végétaux qui ont donné la houille.
L'existence simultanée de ces végétaux aux diverses
latitudes du globe est une preuve qu'à cette époque
il y avait une grande uniformité de climat, tandis que
leurs formes arborescentes, qu'on ne trouve plus qu'à
un état fort dégradé dans les îles basses des tropiques,
démontrent que ce climat était à la fois très humide
et très chaud. La constitution des couches est d'ailleurs en harmonie avec cet ordre d'idées, car les grès

et les poudingues, dont un grand nombre d'entre elles sont formées, ne peuvent être que le résultat d'érosions puissantes, dues sans doute à d'abondantes pluies.

Quant à la raison pour laquelle la température était à peu près la même sur tous les points de la terre, il faut la chercher, suivant les uns, dans les énormes dimensions du soleil, qui alors débordait le globe de ses rayons, et, suivant les autres, dans la faible épaisseur de la croûte terrestre, qui permettait à la chaleur interne de passer au dehors. Quoi qu'il en soit de ces deux explications, également admissibles et peut-être vraies toutes les deux simultanément, il est bien certain que pendant toute la durée des formations primaires l'écorce fut très mobile, ainsi que l'attestent les nombreuses couches de combustible superposées et les phases d'affaissement et d'émersion, à la suite desquelles la mer a tour à tour envahi ou déserté certaines des lagunes où se formait la houille. On en trouve une preuve non moins frappante dans les plissements multipliés et répétés qu'ont subis les schistes de l'Ardenne et de la Bretagne, au-dessus desquels des formations plus récentes sont venues se déposer horizontalement. Ces mouvements nombreux de l'écorce étaient en relation avec l'activité volcanique d'alors, qui a amené au jour la grande variété de roches éruptives que l'on trouve dans le carbonifère et le permien.

L'Ardenne, où ces terrains sont si puissamment développés, a une histoire qui se rattache intimement à leur formation. Elle se dessine après les premiers dépôts du silurien par deux arêtes à peu près parallèles, orientées de l'est à l'ouest, et comprenant dans leur intervalle la région sur laquelle s'élèvent aujourd'hui les villes de Givet, en France, et de Dinant, en Belgique. C'est dans ce bassin, en forme de bateau, que se déposèrent les diverses assises du dévonien et du carbonifère, qui ont constitué ce qu'on appelle les formations du bassin de Dinant. Au nord de ce dernier s'en étendait un autre, auquel on a donné le nom de bassin de Namur, et qui comprenait l'emplacement des villes de Liège, de Namur, de Charleroi, de Mons, de Valenciennes et de Douai. Il reçut les mêmes formations que le précédent ; mais, soit que les lagunes s'y soient maintenues plus longtemps, soit que les érosions y aient respecté davantage le combustible, la houille y atteint un développement beaucoup plus considérable. (Voir la carte.)

Vint ensuite un moment où, après la formation de cette houille, l'Ardenne éprouva une nouvelle commotion. Dans l'un et l'autre bassin, les assises s'affaissèrent au nord et s'exhaussèrent au midi, et bientôt il se forma de grands plis, dans lesquels les formations plus inférieures du sud furent rejetées au-dessus de celles qui leur étaient réellement supérieures dans le nord. C'est ce qui explique comment maintenant, sur beaucoup de points de cette région, il faut aller rechercher la houille au-dessous de terrains qu'elle devrait recouvrir.

TERRAINS SECONDAIRES

Les terrains secondaires sont au nombre de trois : le *triasique*, le *jurassique* et le *crétacé*.

Nature des roches. — Ils accusent une grande prédominance des roches sédimentaires, ce qui porte à croire que, durant leur dépôt, les éruptions volcaniques n'eurent qu'une faible intensité.

Les principales de ces roches sont :

PARMI LES SÉDIMENTAIRES :	PARMI LES ÉRUPTIVES :
Le calcaire,	L'euphotide,
La marne,	La serpentine,
La dolomie,	Les filons de cuivre
Le grès,	de plomb.

Matières incluses. — On y trouve en outre du gypse, du sel gemme, de la limonite, de la pyrite, du silex, du lignite, etc.

Calcaire. — Le calcaire ou carbonate de chaux est tellement abondant dans les terrains secondaires, qu'ils en sont plus qu'à moitié formés. Tantôt il est à pâte fine et serrée, tantôt il est pétri de petits grains semblables à des œufs de poissons, tantôt enfin il est doux et traçant. Dans le premier cas, il porte le nom de *calcaire compact* ; dans le second, celui d'*oolithe* ou de *calcaire oolithique* ; et dans le troisième, celui de *craie*. Il est, en général, moins blanc à la base de la formation que vers le sommet, où se trouve la craie proprement dite.

Marne. — La marne est un mélange d'argile et de carbonate de chaux. Elle forme dans les terrains secondaires des assises puissantes, qui alternent avec les calcaires, et qui varient d'aspect à mesure que l'on s'élève dans la formation.

En bas, elles sont souvent bariolées de vert, de rouge et de bleu ; au milieu, elles paraissent communément bleuâtres, et elles prennent presque toujours au sommet une teinte verdâtre ou grise. C'est à la surface des assises argileuses ou marneuses que prennent naissance toutes les sources des terrains secondaires.

Dolomie. — La dolomie est un carbonate double de chaux et de magnésie, tantôt carié, tantôt compact, tantôt cristallin comme du sucre. Elle est très abondante au voisinage du sel gemme et du gypse, ainsi que près des dépôts d'eau douce. On pense communément que c'est un produit d'évaporation des eaux de la mer ; quelquefois cependant elle paraît due à une transformation du calcaire, sous l'influence des sels magnésiens, amenés par les eaux ou projetés par les volcans.

Grès. — Les grès des terrains secondaires sont verts ou blancs, ou quelquefois rougeâtres à cause de la présence du fer. Ils atteignent rarement une épaisseur comparable à celle qu'ils présentent dans les terrains primaires, et sont généralement plus ternes.

Gypse et sel gemme. — Le gypse est du sulfate hydraté de chaux, que l'on trouve souvent associé au sel gemme dans les terrains secondaires, où ils forment des amas lenticulaires abondants.

On reconnaît le gypse à la facilité avec laquelle il se laisse rayer à l'ongle, et le sel gemme à sa forme cubique, à sa saveur caractéristique et à sa grande déliquescence. Des deux corps, c'est le sel gemme qui est le plus rare, car il ne se rencontre jamais sans être accompagné du gypse, tandis que le gypse existe souvent seul.

On leur attribuait autrefois une origine éruptive, mais on admet plus communément de nos jours que leur existence est due, comme celle de la dolomie, à l'évaporation des eaux de la mer dans les lagunes.

Limonite. — La limonite est un sesquioxyde de fer hydraté, ainsi nommé parce qu'il se trouve en abondance dans certains étangs marécageux du nord de l'Europe. Les terrains secondaires en renferment à plusieurs niveaux des couches considérables, formées de grains qui varient de la grosseur d'une lentille à celle d'un pois. Quelquefois elle constitue des concrétions puissantes, ou se trouve fondue dans les calcaires, auxquels elle donne une couleur jaunâtre. C'est la limonite qui constitue la principale richesse minérale de l'est de la France, et qui alimente les hauts fourneaux de la Lorraine et de la Franche-Comté.

Pyrite. — La pyrite des terrains secondaires est presque toujours la pyrite blanche radiée, que l'on désigne sous le nom de marcassite.

Sa présence dans le test d'un grand nombre de fossiles porte à croire qu'elle provient de la désoxydation, sous l'influence des matières organiques, du sulfate de fer qui était venu se déposer sur ces coquilles.

Silex. — Les silex, que l'on désigne communément sous le nom de pierres à fusil, sont des nodules de silice hydratée. On les trouve abondamment dans les assises de la craie, où on les nomme silex pyromaques. Ils constituent ou empâtent souvent certains fossiles. On en distingue deux espèces, les silex noirs et les silex zonés. Ces derniers, qui sont les plus récents, forment parfois des lits épais de plus de deux décimètres, et parallèles à la stratification des couches.

Lignites. — Les lignites des terrains secondaires sont, comme la houille, des produits de la carbonisation du bois. Ils s'en distinguent par leur aspect fibreux et par une plus grande quantité de matières volatiles. Ils sont rarement assez purs pour être exploités.

Euphotide. — **Serpentine.** — **Filons de cuivre et de plomb.** — L'euphotide est une roche d'aspect bariolé, formée d'un feldspath mat et verdâtre, et d'une variété de pyroxène violacé, que l'on nomme *diallage*. Elle est très abondante au mont Genèvre, où elle a donné lieu sur les bords de ses épanchements à la *variolite*, sorte de roche couverte de taches feldspathiques et blanches, analogues aux pustules de la variole.

La serpentine est un hydro-silicate amorphe de magnésie, d'un vert couleur de serpent, qui a la propriété de se laisser travailler au couteau. On l'utilise dans certaines régions du nord de l'Italie pour la confection d'ustensiles de cuisine. Son mélange avec le calcaire donne lieu à ce que l'on nomme le *marbre vert antique*.

Quant aux filons de cuivre et de plomb, le minerai qu'ils renferment est généralement à l'état de sulfure.

On l'appelle *galène*, lorsqu'il s'agit du sulfure de plomb ; *chalcopyrite*, *philippsite* ou *cuivre panaché*, lorsqu'il est question des diverses variétés de sulfure de cuivre. La galène a presque toujours pour gangue de la *barytine*, ou sulfate de baryte. Elle renferme aussi quelquefois de l'argent, ce qui fait qu'en certains pays on l'exploite principalement pour en retirer ce minerai.

Faune et flore. — Les terrains secondaires sont caractérisés par la grande abondance des reptiles et un développement prépondérant des *bélemnites*, des *am-*

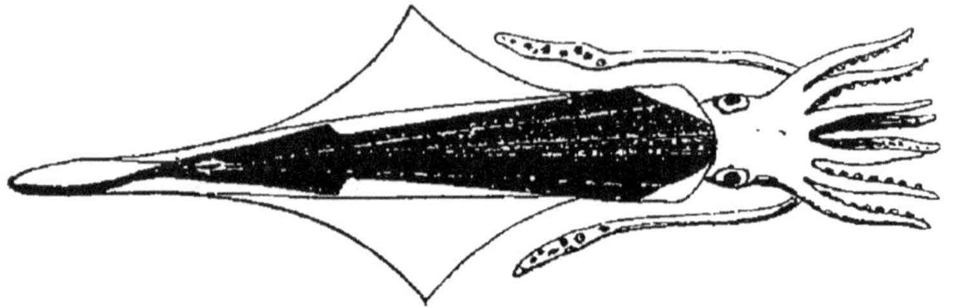

Fig. 65. — Bélemnite restaurée, d'après d'Orbigny.

monitides et des végétaux du groupe des *gymnospermes*. Les poissons *hétérocerques* y sont en décroissance, et y font place peu à peu aux *téléostéens* ou poissons osseux, à queue symétrique. On y rencontre aussi beaucoup d'acéphales, de brachiopodes et d'échinodermes, dont plusieurs sont spéciaux à ces terrains. C'est dans les étages supérieurs que se montrent les premiers débris d'oiseaux et les premières traces de végétaux phanérogames *angiospermes*. Les étages inférieurs renferment déjà un premier représentant des mammifères marsupiaux : le *microlestes antiquus*.

Reptiles. — Les reptiles de cette époque présentaient plusieurs variétés de formes. Les uns avaient les membres disposés en palettes, et étaient nageurs comme les poissons (fig. 71); d'autres (fig. 68) se rapprochaient des *lacertiens*, ou lézards actuels; d'autres encore, les *ptérosauriens*, avaient les doigts des membres antérieurs très allongés et réunis par une membrane fine, en forme d'ailes; d'autres enfin ne s'appuyaient que sur deux pieds, et se rapprochaient des autruches actuelles par plusieurs points de leur organisation (fig. 83).

Bélemnites. — Les *bélemnites* étaient des mollusques céphalopodes, voisins des calmars et des seiches. Ils avaient, comme ces dernières, à l'intérieur de leur corps, une lame dure et cornée, dont la pointe se terminait en un cône cloisonné (fig. 65). Ils portaient en arrière une pointe en forme de lance, qui est la partie du mollusque qui s'est le mieux conservée. On rencontre cependant aussi quelquefois la lame interne avec le cône terminal, et on a même retrouvé l'animal presque en entier dans certaines formations marneuses d'Angleterre.

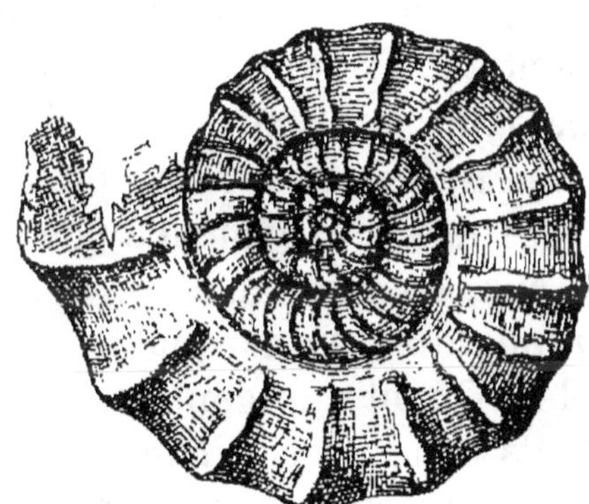

Fig. 66. — Ammonites athleta montrant les cloisons découpées.

Fig. 67.
Turrilites catenatus.

Ammonitides. — Les ammonitides étaient aussi des mollusques céphalopodes, mais plus voisins des nautilides que des calmars ou des seiches. Ils avaient, comme ces derniers, une coquille très variable d'aspect et subdivisée en chambres par des cloisons transversales, que parcourait un siphon. Tantôt cette coquille était enroulée sur elle-même dans un seul plan, comme chez les *ammonites* proprement dites (fig. 66), tantôt elle était droite, comme chez les *baculites*, tantôt enfin elle était spiralée, comme chez les *turrilites* (fig. 67). Seulement les cloisons, au lieu d'être droites, avaient une forme flexueuse, ce qui fait qu'elles ont laissé sur la coquille des empreintes découpées. Ces sinuosités commencent à s'accuser chez les *goniatites* des terrains primaires (fig. 49), où elles ont l'aspect d'une ligne anguleuse; elles deviennent plus nombreuses chez les *cératites* (fig. 70), où la moitié des angles est recouverte de petites dentelures du second ordre, et elles sont très abondantes chez les ammonites, où elles ont l'aspect d'une feuille d'arbre découpée (fig. 66).

Gymnospermes. — Les gymnospermes de la période secondaire appartenaient à deux familles différentes : celle des *conifères,* analogues aux arbres verts de nos forêts, et celle des *cycadées,* qu'on ne trouve plus que dans les pays chauds. Ces dernières avaient à peu près le port des palmiers ; elles comprenaient surtout les genres *zamites* et *pterophyllum,* remarquables par la largeur de leurs folioles. Quant aux conifères, leurs principaux représentants étaient les *voltzia,* contemporains du trias, et les *araucarites,* abondants dans les formations jurassiques.

Distribution géographique. — Les terrains secondaires se présentent en zones d'étendue variable, sur les flancs des terrains primitifs et des terrains primaires.

A l'époque où ils se déposaient, la mer formait en France trois golfes ou bassins : le bassin de Paris ou du Nord, le bassin de la Méditerranée et le bassin de l'Aquitaine. Ces bassins furent en communication pendant quelque temps, mais ils s'isolèrent l'un de l'autre avant la fin de la période secondaire.

Le premier, presque exactement circulaire, était limité au sud par le plateau central, à l'est par les Vosges et les Ardennes, à l'ouest par les formations granitiques ou primaires de la Bretagne, au nord-ouest par les terrains de Cornouailles et du pays de Galles. Il comprenait, outre la partie de la France sur laquelle s'élève Paris, la région de l'Angleterre qui y fait face, et qui a pour centre la ville de Londres. On l'appelle souvent pour cela *bassin anglo-parisien*. Il s'isola des deux autres vers la fin des formations jurassiques.

Le second était limité à l'ouest par le plateau central, au nord par les Vosges et la Forêt-Noire, et au sud-est par une série de seuils dessinant les premiers linéaments des Alpes. Il était allongé vers l'est et comprenait la Provence, le Lyonnais, la Suisse, la Bavière, et une partie notable de l'Allemagne du Sud.

Le troisième, compris entre le plateau central et les Pyrénées, s'ouvrait sur l'Atlantique et recouvrait une partie du nord-est de l'Espagne. Il fut longtemps en communication avec celui de la Méditerranée, par un détroit situé à peu près sur l'emplacement du canal du Midi.

Dans le bassin de Paris les couches sont en stratification concordante, emboîtées les unes dans les autres, comme des vases de dimension décroissante, de façon que les plus anciennes débordent les plus récentes.

Dans le bassin de la Méditerranée elles sont plissées, disloquées et parfois renversées sur elles-mêmes. (fig. 1 et fig. 26).

Dans le bassin de l'Aquitaine elles sont à peu près concentriques et concordantes au nord, mais fort bouleversées au sud, c'est-à-dire dans le voisinage des Pyrénées.

Trias.

APPARITION DES AMMONITES ET DES GRANDS REPTILES

Le trias doit son nom aux géologues allemands qui y ont distingué trois étages : le *bunter sandstein* ou grès bigarré, le *muschelkalk* ou calcaire conchylien, et le *keuper* ou marnes irisées.

On l'appelle aussi terrain saliférien, parce que c'est à son niveau que se trouvent les salines de Souabe, de Lorraine et de Franche-Comté. Le sel y est associé au gypse, à la dolomie, à l'anhydrite et à certains chlorures et iodures alcalins.

Faune et flore. — La faune du trias se fait déjà remarquer par un grand développement de reptiles. Beaucoup d'entre eux avaient des dents tortueuses et constituaient le groupe des *labyrinthodontes ;* d'autres se rapprochaient des oiseaux par l'existence de trois doigts aux pieds de derrière ; quelques-uns annonçaient les grands sauriens nageurs de l'époque jurassique. C'est aux premiers qu'il faut rattacher le *cheirotherium* (fig. 69), dont le nom est dû aux empreintes en forme de main qu'il a laissées sur les sables et les grès.

Il y avait encore à cette époque beaucoup de poissons ganoïdes; mais leur squelette était plus consistant et leur queue moins dissymétrique que pendant les formations primaires. Ils étaient associés à des

Fig. 68. — Labyrinthodonte.

types munis à la fois de branchies et de poumons, dont un genre, le *ceratodus*, vit encore de nos jours dans les rivières d'Australie.

Les articulés étaient peu abondants et appartenaient pour la plupart au genre *estheria* du groupe des ostracodes; mais les mollusques étaient nombreux, surtout les céphalopodes et les lamellibranches. C'est aux premiers que se rapportent les *cératites* qui sont spéciales au trias, et qui se distinguent, comme nous l'avons vu, des ammonites proprement dites par les empreintes moins sinueuses des cloisons. Il y avait

Fig. 69. — Empreintes de Cheirothérium.

aussi beaucoup de crinoïdes, spécialement l'*encrinus liliiformis*.

La flore comprenait des fougères arborescentes, des gymnospermes de la famille des *voltzia* et des équisétacées, dont la principale espèce était le *calamites arenaccus*.

Distribution géographique. — Le trias se rencontre principalement dans la Forêt-Noire et dans les Vosges, dont il recouvre le revers occidental, en s'étendant vers le nord jusqu'au voisinage du Luxembourg. On le trouve aussi par taches en Franche-Comté, ainsi que sur les bords du plateau central. Il se montre aux Alpes occidentales en bandes allongées parallèlement à la chaîne, ce qui fait supposer qu'à cette époque la mer y était divisée en golfes étroits par des terres émergées.

Bunter sandstein ou grès bigarré. — Le grès bigarré doit son nom aux couleurs variées qu'il présente, et dont les principales sont le rouge et le blanc. C'est un grès tendre et quartzeux avec paillettes de mica. Il renferme des tiges d'équisetum et de voltzia et porte souvent à la surface de ses couches des empreintes de pluie et des traces de *cheirotherium*. On l'exploite dans les Vosges pour la construction des édifices, la préparation des foyers de verrerie et la confection des dalles ou des meules à aiguiser. C'est avec ce grès que sont construites les cathédrales de Strasbourg, de Fribourg et de Bâle, et la plupart des monuments de la vallée du Rhin. On y rattache ordinairement le *grès vosgien*, sur lequel il repose, et qui s'en distingue par un grain plus grossier et par une grande pauvreté en mica.

Muschelkalk ou calcaire conchylien. — Le muschelkalk est un calcaire compact et gris de fumée généralement, rempli de coquilles marines, dont la plus importante est la *ceratites nodosus* (fig. 70). Il est souvent couvert d'ondulations analogues à celles que produit la marée sur les plages basses. Il atteint un grand développement en Allemagne, où il renferme du sel gemme et du gypse.

Keuper. — L'étage du keuper ou des marnes irisées est constitué par des marnes bariolées de rouge, de vert et de blanc. Il ne contient presque pas de fossiles; mais il renferme en Lorraine et en Franche-Comté de nombreux dépôts de sel, dont les plus importants sont ceux de Vic, de Dieuze, de Lons-le-Saulnier et de

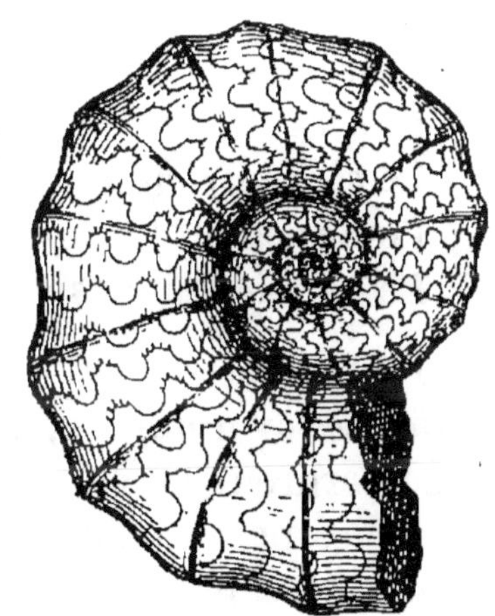

Fig. 70. — Ceratites nodosus laissant voir ses cloisons.

Gouhennans. Les dépôts de Lorraine comprennent treize couches exploitables, et forment une épaisseur totale de 73 mètres.

Le trias est représenté dans les Alpes orientales et le Tyrol par

des schistes, des calcaires et des dolomies, où l'on trouve des *ammonites* associées à des *goniatites* et à des *orthocères* de l'âge primaire. Il se présente comme un dépôt effectué au large de la mer, tandis que celui des Vosges et de la Souabe apparaît avec tous les caractères d'un dépôt de rivage.

Terrain jurassique.

RÈGNE DES GRANDS REPTILES NAGEURS

Le terrain jurassique tire son nom des montagnes du Jura, où il est considérablement développé. Il se sépare presque partout du trias par des dépôts grèseux, et du crétacé, pur un dépôt d'eau douce.

On peut le subdiviser en deux systèmes : le *lias* à la base, et le *jurassique,* proprement dit, au sommet.

LIAS

Division. — Le lias comprend de bas en haut :
L'*infra-lias* ou lias inférieur ;
Le *sinémurien* ou lias de Semur ;
Le *liasien* ou lias proprement dit[1] ;
Le *toarcien* ou lias de Thouars.

Faune et flore. — C'est dans le lias que se montre le *microlestes antiquus,* et c'est durant sa formation que parurent les énormes reptiles nageurs, désignés sous les noms d'*ichtyosaures* (fig. 64) et de *plésiosaures*. Des poissons ganoïdes à queue presque symétrique s'y montrèrent associés à des types appartenant au groupe des squales.

Au nombre des articulés figurèrent des crustacés

---

[1] On a donné dans ces derniers temps, au *liasien*, le nom de *charmouthien*, de Charmouth en Angleterre.

et des insectes broyeurs, dont on a retrouvé les débris dans le lias d'Angleterre.

Les mollusques y furent représentés par des bélemnites et des ammonites fort nombreuses, par

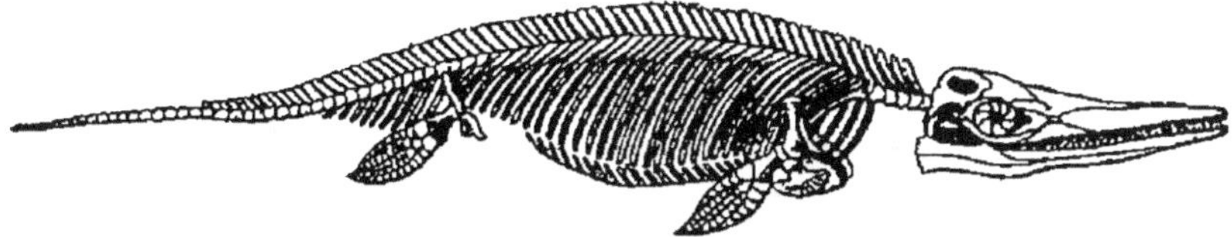

Fig. 71. — Ichtyosaure.

quelques *ostrea* caractéristiques, et par un assez grand nombre de brachiopodes de la famille des térébratules et des rhynchonelles.

Aux rayonnés se rattachaient quelques *polypiers*, des *encrines* ou *entroques* et de rares *oursins*.

Infra-lias. — L'infra-lias est presque toujours formé de grès à la base et de calcaire au sommet avec intercalation de marnes. Il est surtout bien développé en Lorraine, où ses assises inférieures constituent les grès de Vic, et en Bourgogne, où les calcaires qui le terminent ont reçu le nom de calcaires *foie de veau*, à cause de leur couleur rougeâtre.

Le grand nombre de débris animaux dont il est quelquefois rempli l'a fait appeler par les Anglais *bone-bed* ou couche à ossements. On le reconnaît partout à la présence de l'*avicula contorta* (fig. 72), qui le caractérise.

Fig. 72.
Avicula contorta.

Sinémurien. — Le sinémurien est formé de calcaires qui alternent avec de minces lits de marnes, et qu'on exploite pour la fabrication de la chaux hydraulique aux carrières de Charleville dans les Ardennes, où ils reposent en discordance de stratification sur les terrains primaires. En certains points ils sont entièrement convertis en masse siliceuse noirâtre, renfermant de la barytine, des cristaux de quartz et de la fluorine, ou bien imprégnés de phosphates de chaux utilisés pour l'amendement des terres.

Le fossile qui caractérise presque partout le sinémurien est une huître étroite à crochets recourbés, qu'on appelle *gryphée arquée* (fig. 73). On y trouve aussi des ammonites à carène tranchante, telles que l'*ammonites Bucklandii*.

Liasien. — Le liasien est généralement constitué par des marnes schisteuses avec enclaves de calcaire sableux et traces d'oxyde de fer.

On y trouve de nombreuses bélemnites et des ammonites à dos

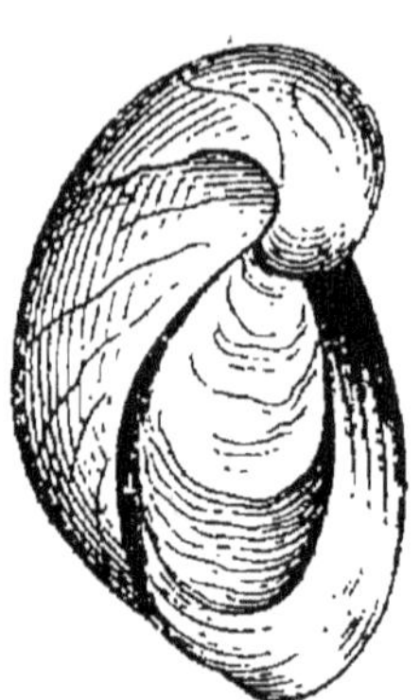

Fig. 73. — Gryphée arquée passant
à la variété Gryphée cymbium.

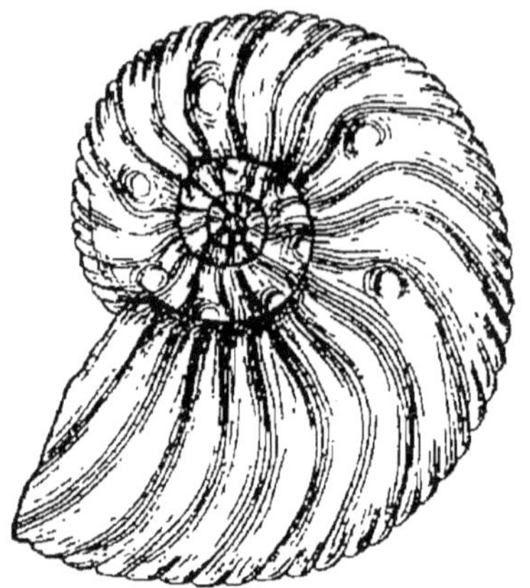

Fig. 74.
Ammonites margaritatus.

dentelé, dont la principale est l'*ammonites margaritatus* (fig. 74). C'est à ce niveau que se présente le dernier spirifer, ainsi qu'une gryphée arquée plus large que celle du sinémurien, que l'on nomme *gryphæa cymbium*.

Toarcien. — Le toarcien est aussi composé de marnes plus ou moins mélangées de calcaire marneux et grisâtre qu'on exploite parfois comme pierre à ciment. Les fossiles y sont nombreux, principalement les sauriens du groupe des ichtyosaures (fig. 71) et des plésiosaures, dont on a trouvé des squelettes entiers en Allemagne et en Angleterre. Presque toutes les ammonites y ont une forme aplatie et sont couvertes de côtes flexueuses rappelant par leur contour la forme d'une faucille; on les appelle pour cela *falciferi*. En plusieurs points de la France le toarcien contient des minerais de fer très activement exploités. Tels sont ceux de la Verpillière dans l'Isère, et ceux de la Lorraine dans le bassin de Paris.

JURASSIQUE PROPREMENT DIT

Le jurassique proprement dit se divise en sept formations, qui sont de bas en haut :

1. Le *bajocien*, ou oolithe de Bayeux ;
2. Le *bathonien*, ou oolithe de Bath ;
3. L'*oxfordien*, ou marnes d'Oxford ;
4. Le *corallien*, ou assises à coraux ;
5. Le *kimméridien*, ou argiles de Kimmeridge ;
6. Le *portlandien*, ou calcaires de Portland ;
7. Le *purbeckien*, ou formation de Purbeck.

Le bajocien et le bathonien sont souvent désignés sous le nom de *jurassique inférieur*, l'oxfordien et le corallien sous celui de *jurassique moyen*, et les trois autres étages sous celui de *jurassique supérieur*.

Faune et flore. — On rencontre dans le jurassique proprement dit beaucoup de marsupiaux de petite taille du groupe des insectivores, une multitude de reptiles dont le plus curieux était l'*archæoptérix*, muni d'ailes et d'une queue empennée, qui le rapprochait des oiseaux, et beaucoup de poissons dont les gisements de Solenhofen en Allemagne et de Cirin dans le département de l'Ain, nous ont conservé les traces.

Les articulés y sont représentés par des libellules, des arachnides et un certain nombre de crustacés.

Les mollusques qui dominaient à cette époque étaient encore les ammonites et les bélemnites, auxquelles s'associaient des ostrea, des nérinées, des diceras, des térebratules et des rhynchonelles.

Les polypiers étaient extrêmement nombreux ainsi que les oursins. Il y avait quelques spongiaires, dont les plus importants étaient les *scyphies*.

La flore d'alors comprenait des fougères à frondes maigres, des *zamites* voisins des cycadées actuelles, et quelques conifères se rapprochant des *araucaria*, des *séquoia* et des *cyprès*.

Distribution géographique. — Le terrain jurassique est principalement répandu dans les montagnes du Jura.

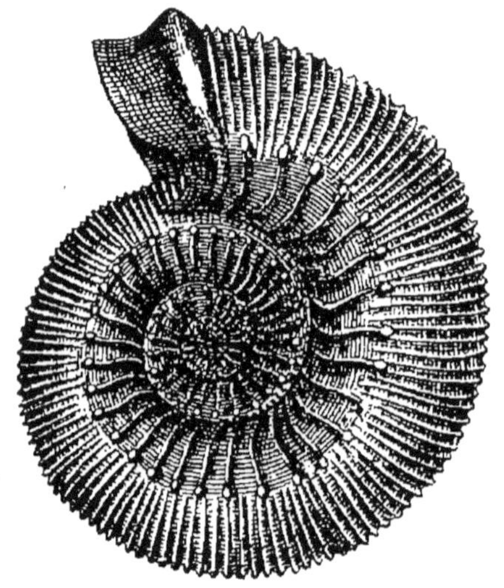

Fig. 75.
Ammonite bumphresianus.

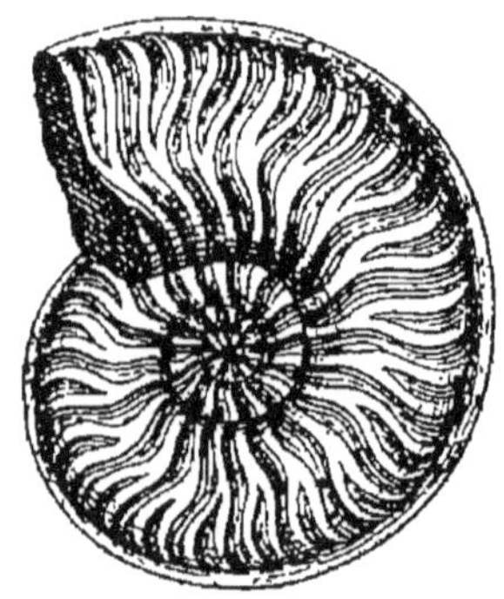

Fig. 76.
Ammonite murchisonæ.

On le rencontre encore sur la lisière des Vosges, du plateau central et des collines de Bretagne, où il se dispose en retrait par rapport au lias. Ses affleurements dans ces divers bassins offrent généralement une alternative de vallées correspondant aux marnes et de plateaux correspondant au calcaire. Dans le Jura, ses couches sont relevées et dessinent une série de plis parallèles, dont l'élévation augmente à mesure que l'on se rapproche des Alpes.

Bajocien. — Le bajocien, qui s'appelle aussi oolithe inférieure, est généralement formé d'un calcaire jaune, dans lequel apparaissent une multitude de petites oolithes. Souvent il se termine par un calcaire miroitant, couvert de débris d'encrines, et englobant des récifs de polypiers. On y trouve à l'ouest de la France une certaine quantité de minerai de fer.

Les fossiles principaux sont l'*ammonites Humphresianus* (fig. 75), et l'*ammonites Murchisonæ* (fig. 76). La première présente des côtes qui se bifurquent en trois ou quatre à partir d'un tubercule situé sur la partie moyenne des flancs; dans la seconde, les côtes sont contournées en faucilles comme dans les ammonites du toarcien et se divisent en deux rameaux égaux.

Bathonien. — Le bathonien, nommé aussi grande oolithe, comprend le plus communément deux assises, dont la plus inférieure est marneuse et la supérieure calcaire.

Fig. 77. — Ostrea acuminata.

La première s'appelle *fullers-earth* ou *terre à foulon*, et renferme l'*ostrea acuminata* (fig. 77), dont le test présente des zones d'accroissement en gradin. La seconde contient un grand nombre d'oursins et de mollusques, parmi lesquels figure une térébratule qui se poursuit dans l'oxfordien : la terebratula digona.

Oxfordien. — L'oxfordien est tout entier marneux et d'un bleu généralement foncé. On y trouve parfois cependant des oxydes

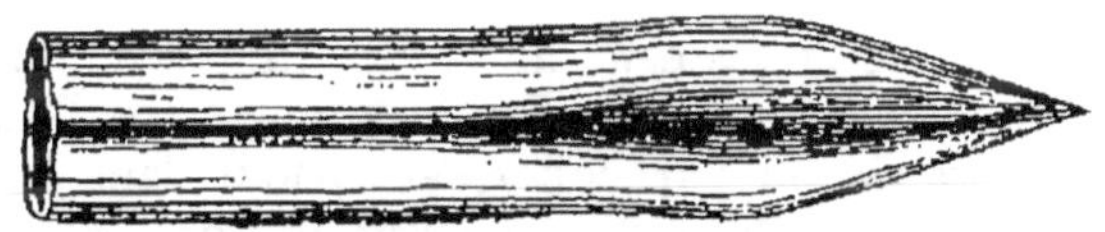

Fig. 78. — Belemnites hastatus.

de fer qui lui donnent çà et là une couleur jaunâtre. Parmi les fossiles qu'on y rencontre, on peut citer l'*ammonites athleta*, dont le dos est carré et les flancs munis de gros tubercules, l'*ammonites cordatus*, dont les flancs sont striés et le dos couvert de crénelures et une bélemnite en forme de fer de lance, que l'on nomme *belemnites hastatus* (fig. 78).

Corallien. — Le corallien ou coral-rag des Anglais est un calcaire blanc remarquable surtout par le grand nombre de coraux qu'il présente, dans le bassin de Paris, tant en Angleterre, qu'aux environs de Saint-Mihiel et de Verdun. Il débute généralement par un calcaire grumeleux où l'on trouve des baguettes d'un oursin, le *cidaris florigemma* (fig. 79), qui sont couvertes de petits tubercules en lignes.

C'est surtout dans le corallien que l'on rencontre les *nérinées* et les *diceras* (fig. 80). Les premiers étaient des gastéropodes enroulés en spirale, et les seconds, des mollusques à deux cornes, ce qui leur a valu leur nom.

La présence des polypiers dans cette formation indique qu'à l'époque où elle se constituait dans le bassin de Paris, la tempé-

Fig. 79.
Baguette de cidaris florigemma.

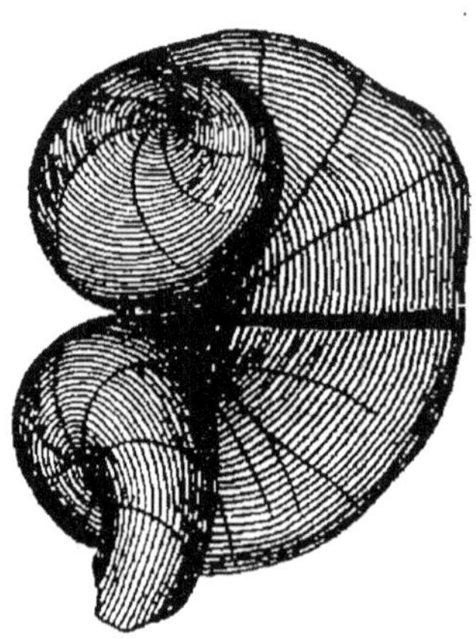

Fig. 80.
Diceras du corallien.

rature était élevée et les eaux de la mer limpides. Mais le corallien ne se montre pas toujours formé de polypiers. Dans le bassin de la Méditerranée en particulier, et surtout dans la région des Alpes, il est en grande partie constitué par des calcaires ou des marnes dans lesquels les polypiers sont rares. Ceux-ci semblent en effet monter de niveau géologique à mesure que l'on part du Jura pour s'avancer vers le sud-est. Il s'en rencontre à l'étage du corallien à l'ouest du Jura, dans le kimméridien à l'est de la même chaîne, et enfin dans le portlandien, en Savoie et en Dauphiné.

Kimméridien. — Le kimméridien est formé, dans le bassin de Paris, d'une masse puissante d'argiles où le calcaire n'apparaît qu'en nodules disséminés et à la surface desquels se montre une huître contournée, l'*ostrea virgula* (fig. 81).

Il est surtout très développé en Normandie et dans le sud de l'Angleterre,
où il renferme des débris de reptiles.
Dans le Jura méridional et au voisinage
des Alpes, les marnes y sont remplacées
par des calcaires souvent riches en polypiers, comme nous venons de le dire.

Fig. 81.
Ostrea virgula.

Portlandien. — Le portlandien est un dépôt généralement calcaire qu'on exploite comme pierre de taille ou comme ciment hydraulique. Il doit son nom à la presqu'île de Portland, d'où les Anglais tirent d'excellentes pierres de construction. Il n'est pas partout également développé. En France, c'est dans la partie de la Meuse et de la Haute-Marne nommée le Barrois qu'il est le plus épais. Il y comprend deux zones : la zone inférieure, renfermant l'*ostrea expansa* et l'*ammonites gigas;* la zone supérieure, où se trouve une trigonie renflée, la *trigonia gibbosa*. Dans le Jura, ce calcaire forme d'épaisses assises qui alternent fréquemment avec des bancs de dolomie.

Purbeckien. — Le purbeckien est un dépôt d'eau douce très développé dans la presqu'île de Purbeck en Angleterre, où il se compose de calcaire lacustre et de terres ligni-
teuses, renfermant encore en place des racines
de cycadées, de fougères et de conifères. Les
débris de ces végétaux sont souvent mélangés
à des squelettes de marsupiaux et de grands
reptiles qui vivaient sous leur ombrage. On y
rencontre aussi parfois des fossiles marins, ce
qui indique que durant sa formation le sol ne
fut pas complètement à l'abri des incursions
de la mer.

Fig. 82.
Physa wealdina.

Le même dépôt d'eau douce se rencontre
dans le Jura, de Neufchâtel à Belley, où il est
formé de calcaire et de marnes avec lentilles
de gypse. Le principal fossile que l'on y rencontre est la ***physa wealdina*** (fig. 82).

Dans une grande partie des Alpes, le purbeckien d'eau douce ne se montre pas, parce que la mer n'a cessé d'y régner entre le jurassique et le crétacé. Il est remplacé par des formations marines.

Terrain crétacé.

RÈGNE DES RUDISTES ET DES AMMONITES DÉROULÉS

Le terrain crétacé tire son nom de la craie qui en forme le couronnement.

Il se sépare du jurassique par les dépôts purbeckiens, et du tertiaire par des argiles rougeâtres ou des formations d'eau douce, qui accusent toutes deux un retrait des eaux.

On peut, comme dans le jurassique, y établir deux subdivisions : l'*infra-crétacé* et le *crétacé* proprement dit.

L'infra-crétacé est argilo-sableux dans le nord de la France, où il offre tous les caractères d'un dépôt littoral, et calcaréo-marneux dans le midi, où il se présente comme une formation de haute mer.

Le crétacé proprement dit n'est crayeux que dans le nord. Dans le midi il est formé d'une alternance de calcaires et de marnes, qui contiennent de nombreux récifs construits par les polypiers et par d'autres animaux constructeurs désignés sous le nom de *rudistes*.

INFRA-CRÉTACÉ

L'infra-crétacé se divise en quatre étages qui sont, de la base au sommet :

Le *néocomien*, du nom de Neuchâtel en Suisse ;

L'*urgonien*, du nom d'Orgon près d'Arles [1] ;

L'*aptien*, du nom d'Apt en Provence ;

L'*albien*, du nom du département de l'Aube.

---

[1] On tend à remplacer le nom d'*urgonien* par celui de *Barrémien*, de Barrême dans les Basses-Alpes.

Faune et flore. — A l'époque *infra-crétacée*, les vertébrés étaient surtout représentés par de gigantesques sauriens, dont le plus curieux à signaler est l'*iguano-*

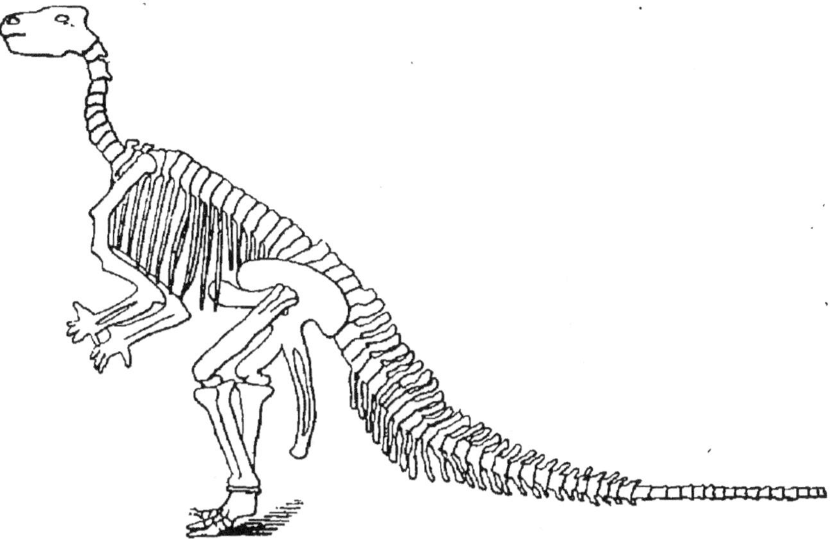

Fig. 83.

Squelette d'iguanodon, d'après une photographie du musée de Bruxelles.

don. Cet animal mesurait de 10 à 12 mètres de long, et avait une queue gigantesque; ses dents étaient couvertes de replis, qui font supposer un régime herbivore. Il avait les pieds de devant pourvus de cinq doigts et beaucoup plus courts que ceux de derrière, qui n'avaient que trois doigts, comme les pieds des oiseaux. On en voit au musée de Bruxelles de nombreux squelettes, qui ont été trouvés à Bernissart, près de Mons (fig. 83 et 84).

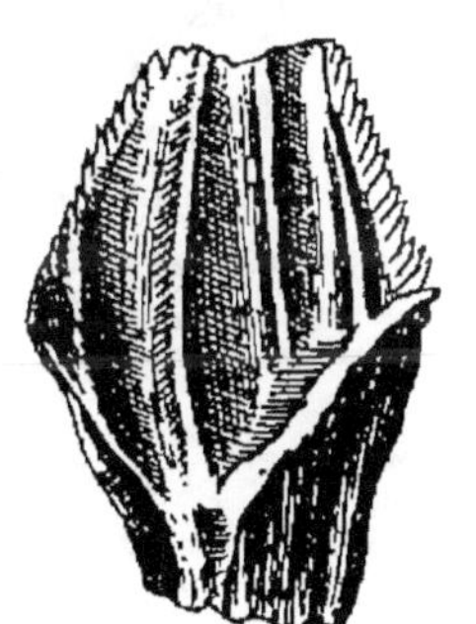

Fig. 84.

Dent d'iguanodon.

C'est durant cette époque que les ammonitides déroulées arrivèrent à leur plus grand épanouissement. On peut citer principalement dans ce nombre les *crioceras*, les *ancyloceras* et les *scaphites*. Les deux premiers genres, qui n'en formaient probablement qu'un seul, avaient la coquille complètement déroulée et disjointe. Seulement les crioceras ne présentent que les parties correspondantes à celle de l'ammonite (fig. 86), tandis que chez les ancyloceras se montre encore en avant un long prolongement recourbé en forme de crosse. Le même prolongement existait chez les scaphites; mais chez ces derniers les tours d'enroulement de la coquille se touchaient (fig. 85).

Les principaux gastéropodes étaient des *ptérocères* et des *natices*. Parmi les lamellibranches, on peut

Fig. 85.
Coquille de scaphites.

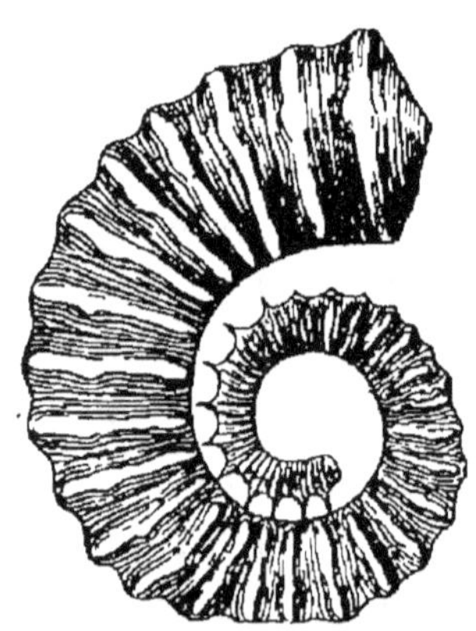

Fig. 86.
Coquille de criocéras.

citer les *exogyres*, les *janira* et les *chama*, et parmi les brachipodes, des térébratules *perforées* (fig. 88). Le sous-embranchement des échinodermes comprenait surtout les *spatangues*. Il y avait moins de polypiers qu'à l'époque oolithique, mais beaucoup de bryozoaires, ainsi que des foraminifères du genre *orbitolines*.

Tous les végétaux appartenaient au même groupe que ceux de l'époque jurassique; c'étaient surtout des fougères, des conifères et des cycadées.

Distribution géographique. — L'infra-crétacé occupe de grandes surfaces dans le bassin de la Méditerranée.

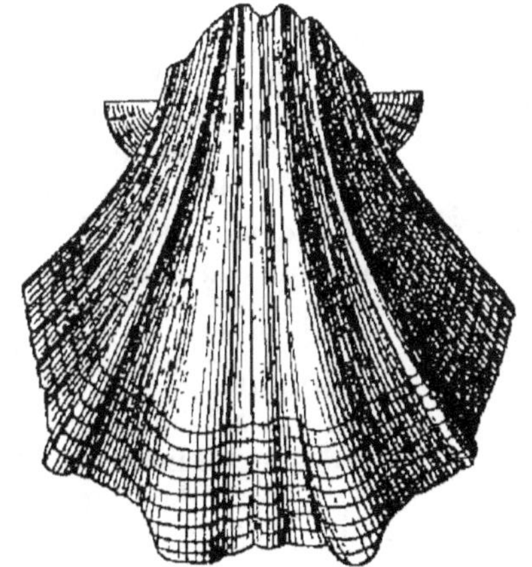

Fig. 87. — Janira atava.

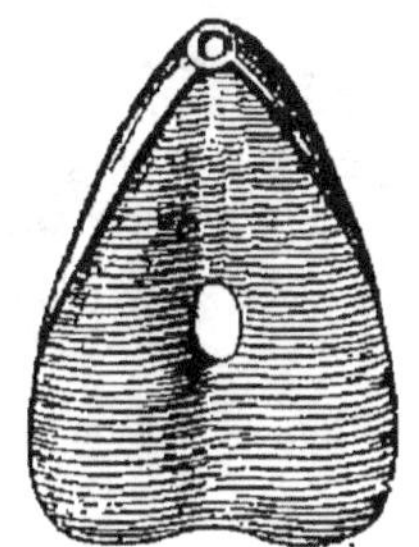

Fig. 88. — Térébratule perforée.

On le rencontre, en effet, dans une partie notable du Jura, ainsi que le long des Alpes et des Pyrénées. Il est très complet dans le voisinage des Alpes, mais les formations inférieures font défaut dans les Pyrénées.

Le bassin de Paris en présente quelques lambeaux, dont les principaux sont ceux de la Haute-Marne, du Boulonnais, du pays de Bray et de la région du Weald, en Angleterre.

Néocomien. — Le néocomien est marneux, dans le midi de la France. Il est constitué dans le Jura par une alternance de calcaire jaunâtre et de marnes bleues. Dans le bassin de Paris il est formé de grès, de sables et d'argiles, qui se continuent jusqu'à l'aptien.

La couleur jaune du calcaire dans le Jura est due à la limonite qui l'imprègne. Cette limonite se rencontre souvent en rognons dans les assises de la Haute-Marne, où des dépôts d'eau douce alternent avec les formations marines.

C'est à ce niveau que se trouvent dans le midi de la France la *Janira atava* (fig. 87), la *terebratula janitor* (fig. 81) et le *spatangus retusus*. Le premier de ces fossiles était un lamellibranche pourvu de quatre grosses saillies longitudinales, le second un brachiopode perforé de part en part, et le troisième un oursin déprimé en ovale. Dans le bassin de Paris, si l'on excepte la Haute-Marne, on ne rencontre guère à ce niveau que des débris de fougères et de gymnospermes engagés dans des sables, ou des grès, et associés soit à des fossiles d'eau douce, soit à des restes d'*iguanodons* et de tortues.

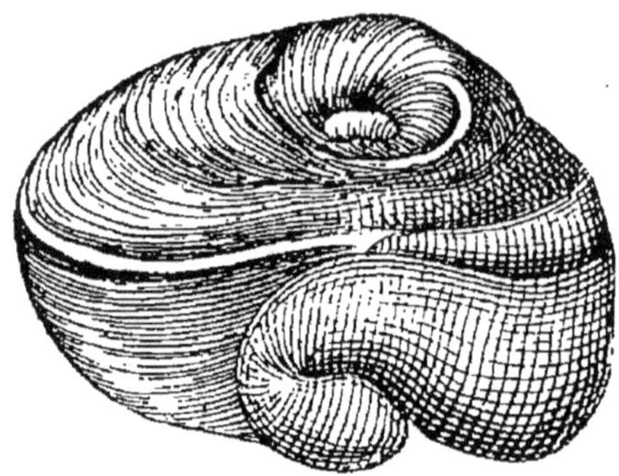

Fig. 89. — Chama ammonia.

Urgonien. — L'urgonien est argileux dans le nord de l'Europe, mais il présente dans le sud deux faciès : l'un de rivage formé de calcaires blancs, où abondent les chamas ; et l'autre de haute mer, constitué par des marnes, où se trouvent en grande abondance les ammonitides déroulés, tels que le *crioceras Duvalii*. La chama la plus commune dans les calcaires est la *chama ammonia* (fig. 89), qui ressemble beaucoup aux dicéras. On la désigne aussi sous le nom de *requienia* ou de *caprotina ammonia* (fig. 89).

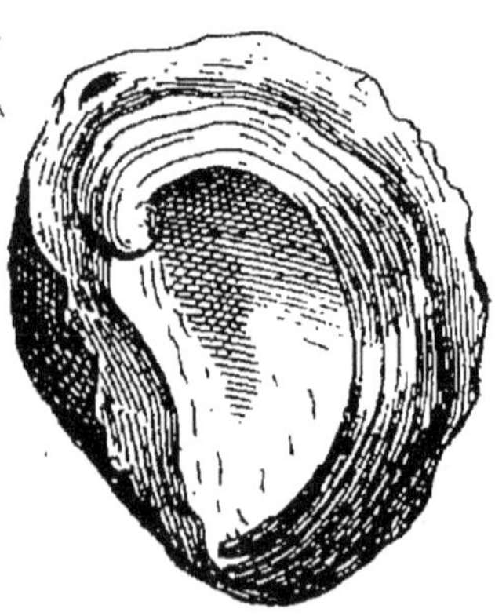

Fig. 90.
Exogyra ou ostrea aquila.

Aptien. — L'aptien est presque partout formé d'argile et de marnes, si ce n'est en Provence, où il contient, ainsi que l'albien, des lentilles de calcaires à rudistes. Il renferme, avec l'*ancyloceras Matheronianus*, une bivalve plate et plissée, la *plicatula placulnea*, et une huître à bec tordu, que l'on nomme l'*ostrea aquila* (fig. 90). Une grande partie des arêtes déchiquetées des Alpes méridionales est formée de ce terrain.

Albien. — L'albien, désigné aussi en Angleterre sous le nom de gault, est généralement constitué par des sables ou des argiles, que l'on exploite sur plusieurs points pour la fabrication des tuiles et des poteries. Il renferme souvent des phosphates de

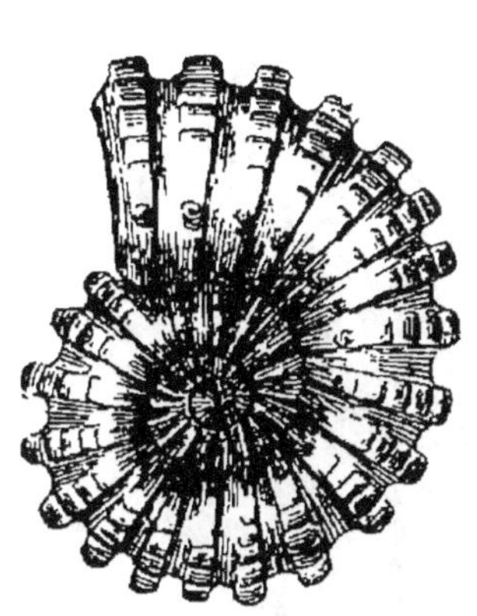

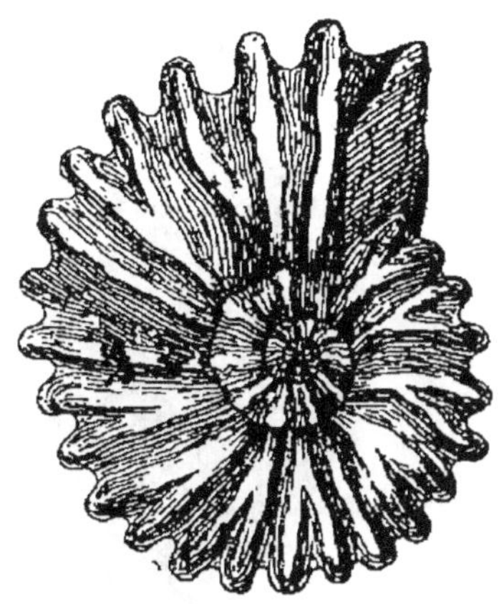

Fig. 91. — Ammonites mamillaris.   Fig. 92. — Ammonites interruptus.

chaux, utilisés pour l'amendement des terres, et constitue, en raison de son imperméabilité, le niveau aquifère auquel s'alimentent les puits artésiens de Paris.

Dans l'est de la France, ainsi que dans le pays de Bray, les plus élevées de ses couches deviennent siliceuses et poreuses, et constituent la roche qu'on appelle la *gaize*.

On y rencontre beaucoup de fossiles, parmi lesquels une ammonite couverte de mamelons : l'*ammonites mammillaris* (fig. 91) et un grand nombre d'ammonites à contour extérieur creux, dont l'une des plus communes est l'*ammonites interruptus* (fig. 92), remarquable par ses grosses côtes.

CRÉTACÉ PROPREMENT DIT

Le crétacé proprement dit se divise aussi en quatre étages :

Le *cénomanien*, ou craie du Maine ;

Le *turonien*, ou craie de Touraine ;

Le *sénonien*, ou craie blanche de Sens;
Le *danien*, ou craie de Danemark.

Fig. 93. — Fragment de craie avec protozoaires vu au microscope.

Faune et flore. — Les plus parfaits des vertébrés de cette époque étaient les oiseaux, dont un certain nombre avaient des vertèbres biconcaves comme les reptiles. Ces derniers étaient principalement représentés par des crocodiliens, des ptérodactyles ou reptiles volants, et par le genre *mosasaurus*, très commun à Maëstricht. En certains endroits la craie est très riche en écailles de poissons.

Les céphalopodes comprenaient surtout des ammonites à carène tuberculeuse, des bélemnites pointues, des *turrilites* (fig. 67) et des *baculites*.

Il y avait peu de gastéropodes, mais beaucoup de lamellibranches, parmi lesquels se font remarquer les *inocérames* (fig. 94) et les huîtres à bec contourné, désignées sous le nom d'*exogyres*. Les brachiopodes étaient en décroissance et offraient comme type caractéristique celui des *térébratulines*.

C'est alors surtout que pullulèrent dans les mers du midi les mollusques du groupe des rudistes, auxquels appartiennent déjà les chamas. Ceux-ci s'y étagent à des horizons successifs et s'y trouvent surtout représentés par deux genres, ceux des *radiolites* et des *hippurites*.

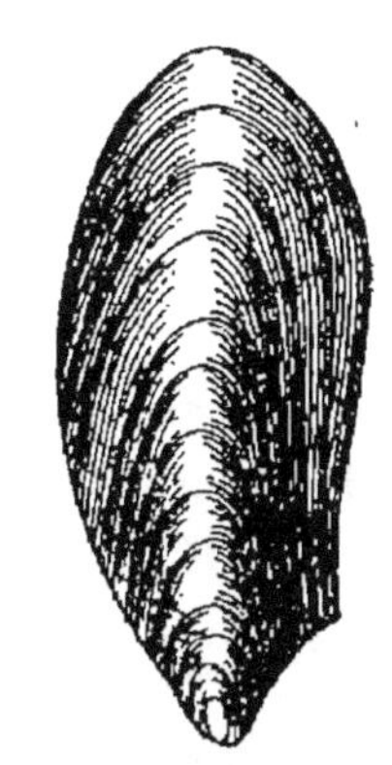

Fig. 94.
Inoceramus labiatus
du crétacé.

Les radiolites sont ainsi désignées des nombreuses saillies rayonnantes qui cou-

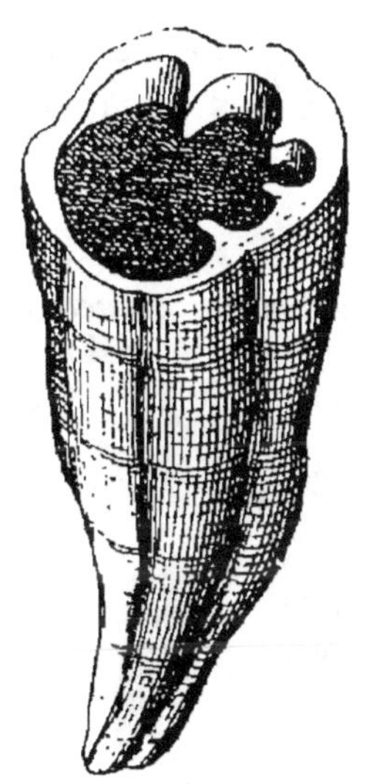

Fig. 95.
Hippurite du crétacé.

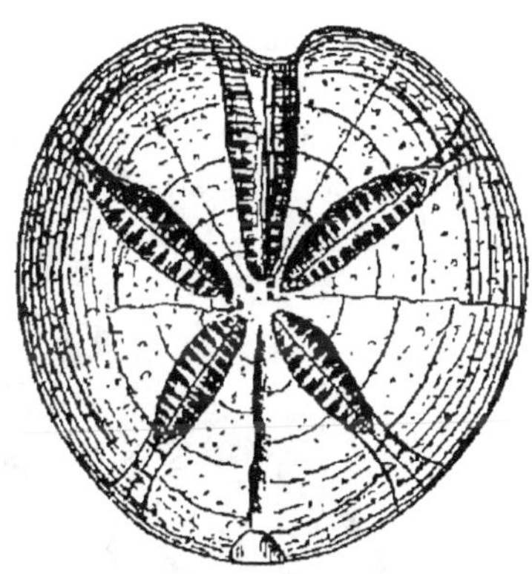

Fig. 96. — Micraster du crétacé
plus ou moins usé.

vraient une de leurs valves; quant aux hippurites, leur nom vient de la forme de leur coquille, qui rappelle grossièrement celle d'une prêle ou queue de cheval (fig. 95).

Parmi les échinodermes, les plus abondants étaient les *micraster*, caractérisés par un test en forme de cœur et des ambulacres inégaux logés dans les sillons (fig. 96).

Les polypiers, devenus plus rares, étaient remplacés par un nombre si grand de protozoaires, qu'en beaucoup de points la craie en est entièrement pétrie (fig. 93.)

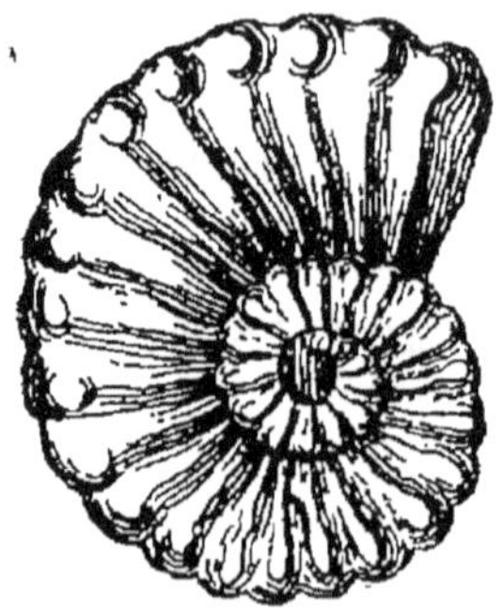

Fig. 97.
Ammonite rotomagensis.

C'est au début de cette formation qu'on voit apparaître brusquement les végétaux angiospermes, représentés par les *magnolias*, les *platanes*, les *figuiers* et les *saules*. Ils s'y trouvent associés à des conifères et à des cycadées de la période précédente.

Cénomanien. — Le cénomanien est aussi appelé *craie glauconieuse* parce qu'il est en partie ou en totalité parsemé de grains verts constitués par des silicates hydratés de fer et de potasse, que

Fig. 98. — Exogyra columba.

l'on nomme *glauconies*. Il est généralement formé d'une roche crayeuse tenace et verdâtre, qui est très développée aux cin-

bouchures de la Seine et très fossilifère à Sainte-Catherine, près de Rouen. On y trouve parfois des nodules phosphatés et très souvent de la pyrite en rognons. C'est à ce niveau qu'appartient le *tourtia* des mineurs du nord, qui recouvre immédiatement la houille dans les environs de Valenciennes.

Les principaux fossiles qu'on y rencontre sont l'*ammonites rotomagensis* (fig. 97) et l'*exogyra columba* (fig. 98).

Turonien. — Le turonien, nommé aussi craie marneuse à cause de l'argile qu'il renferme, est formé dans le bassin de Paris

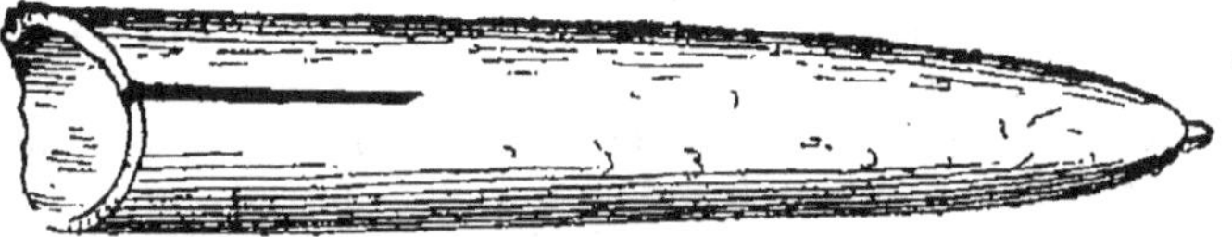

Fig. 99. — Belemnites mucronatus.

d'un calcaire grisâtre et crayeux. Il se fait communément reconnaître aux nombreux inocérames qu'il contient et dont le principal est l'*inoceramus labiatus* (fig. 94). Ce terrain est incomplet sur plusieurs points des bords de la Manche, mais fort développé dans la Touraine, où il forme une craie jaunâtre, micacée, dite craie tuffeau, d'un grain très fin, qu'on emploie pour les constructions. C'est aux assises inférieures de cet étage qu'appartiennent les marnes argileuses, que les mineurs du Nord désignent du nom de *dièves*.

Sénonien. — Le sénonien est l'étage de la craie blanche. Il couronne la plupart des falaises de la Manche et constitue le sol de la Champagne Pouilleuse. C'est à la blancheur qu'il présente sur les rivages de Douvres que l'Angleterre doit son nom d'Albion, et c'est dans son intérieur principalement qu'on trouve les lits de silex pyromaque. Les assises inférieures renferment des *micraster* (fig. 96), et les plus élevées, la *belemnites mucronatus* (fig. 99), ainsi qu'un oursin d'aspect globuleux, l'*ananchytes ovata* (fig. 100).

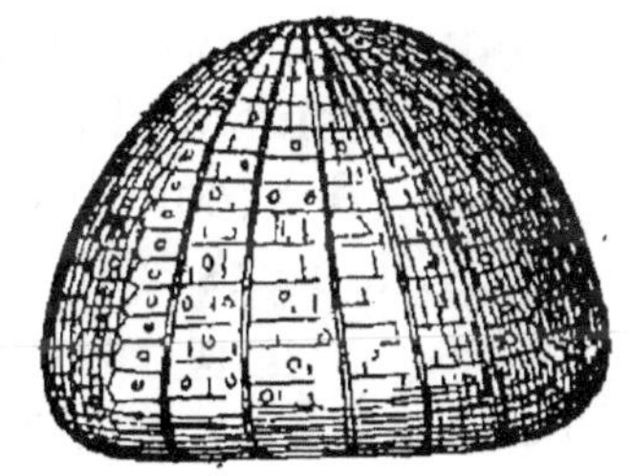

Fig. 100.
Ananchytes ovata.

Danien. — Le danien est constitué en Belgique et en Danemark par un calcaire jaunâtre de texture grossière, où abondent les bryozoaires et les baculites, et où on a trouvé des restes de mosasaurus.

Il est représenté, dans le voisinage de Paris, soit par les calcaires à baculites du Cotentin, soit par un calcaire jaune à grains arrondis, que l'on nomme calcaire *pisolithique*. Ce dernier dépôt est beaucoup moins étendu que les autres formations crétacées, et ne se présente que par de petites taches adossées à la craie blanche.

Crétacé du midi. — On sait que dans tout le midi de la France la craie est représentée par des alternances de calcaires, de marnes et de grès où abondent les *rudistes*. Parmi ceux-ci les *caprina* caractérisent surtout l'étage cénomanien, les *radiolites* et les *hippurites* pullulent au niveau du turonien et de la craie blanche, le groupe est en décroissance dans le danien. Ce dernier terrain paraît très développé au voisinage des Pyrénées, où il renferme les oursins, désignés sous le nom d'*hemipneustes*.

Des formations d'eau douce, couronnant la craie, indiquent qu'à la fin de cette époque le sol de la France méridionale était en voie d'émersion. Les principales sont celles de Fuveau, d'Aups et du Beausset, associées à de puissants dépôts de lignites.

Aperçu général sur la période secondaire.

Nous avons vu précédemment qu'à la fin de la période primaire, la mer avait abandonné une grande partie de l'Europe occidentale. Lorsqu'elle revint au commencement de la période secondaire occuper les trois bassins de Paris, de l'Aquitaine et de la Méditerranée, des conditions tout autres présidèrent à la formation des sédiments. Les pluies devinrent plus rares, et leur moins grande abondance est attestée par la faible proportion de poudingues et de grès que renferment les terrains de cette période. L'activité volcanique s'endormit également presque dès le début pour ne se réveiller qu'à la période tertiaire. Aussi, à part quelques légers mouvements d'exhaussement et d'affaissement, qui déplacèrent tantôt dans un sens, tant dans un autre les rivages de la mer, ou qui lui substituèrent çà et là des lacs et des étangs, l'écorce terrestre ne perdit-elle que peu du modelé extérieur qu'elle avait précédemment reçu.

Il fallut toutefois qu'il y eût une augmentation progressive dans la profondeur des bassins, pour permettre aux diverses formations triasiques, liasiques et crétacées de s'y accumuler en si grande masse.

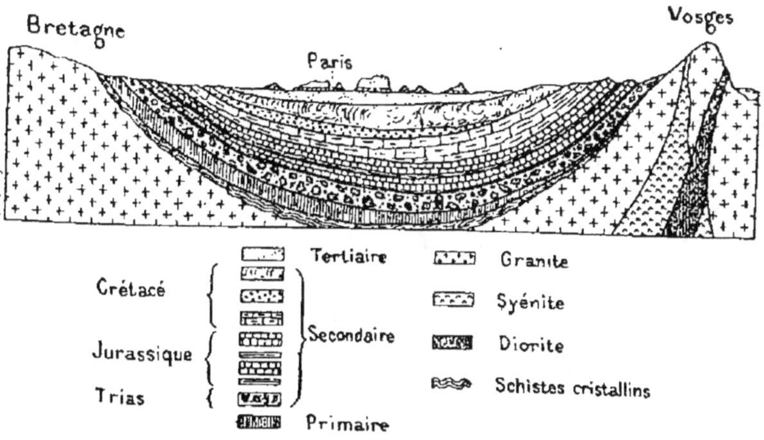

Fig. 101. — Coupe générale du bassin de Paris.

A cette époque la température, toujours élevée, offrit des caractères analogues à ceux qu'elle présente dans les régions continentales voisines des tropiques. Aux végétaux qui réclament une grande humidité, succédèrent des plantes plus amies de la sécheresse, et leur découverte récente jusque dans le voisinage des pôles montre que l'influence de la latitude ne se faisait que peu ou point sentir au commencement de cette période. Peut-être n'en fut-il pas de même à la fin lorsque apparurent les premiers végétaux angiospermes, et que les polypiers et les rudistes se montrèrent plus rares dans les mers du nord alors qu'ils pullulaient encore que dans celles du sud.

Comme les terrains secondaires forment le fond de cuvette sur lequel repose la ville de Paris, et que les plus récents d'entre eux sont généralement en retrait par rapport aux plus anciens, leurs étages successifs émergent l'un après l'autre à mesure que l'on s'avance des Vosges vers la capitale (fig. 101).

Sur le flanc des Vosges et jusque près de leur arête culminante, on rencontre les grès bigarrés du trias, puis vient le calcaire conchylien, de couleur gris-fumée, puis les marnes bariolées du keuper, qui s'étendent jusqu'au voisinage de Nancy, et qui renferment çà et là du sel gemme et du gypse.

A partir de Nancy, on trouve le jurassique, et on en traverse les divers étages pour arriver à Bar-le-Duc.

De Bar-le-Duc à Reims, on marche constamment sur le crétacé, depuis les plus inférieures de ses assises jusqu'aux plus élevées. Celles qui sont marneuses, comme l'albien, ayant été ravinées par l'eau, forment le fond des vallées; celles, au contraire, qui sont calcaires et résistantes se dressent en abrupts; et comme le jurassique présente les mêmes alternatives de calcaires et de marnes, il s'ensuit que depuis Nancy le voyageur franchit une série de saillies circulaires qui ressemblent aux murailles d'une place forte, et qu'Élie de Beaumont a justement appelées les remparts naturels de Paris. (Voir les coupes et la carte géologique de la fin.)

TERRAINS TERTIAIRES

Les terrains tertiaires sont compris entre les formations lacustres, qui couronnent le crétacé, et l'alluvion ancienne, par laquelle commence le quaternaire.

Ils se divisent en trois groupes : l'*éocène*, le *miocène* et le *pliocène*, et renferment en abondance des produits éruptifs, associés aux formations sédimentaires [1].

Nature des roches. — Les principales roches de ces terrains sont :

PARMI LES SÉDIMENTAIRES :	PARMI LES ÉRUPTIVES :
Les sables, le grès et les conglomérats,	Le trachyte,
Les argiles et les marnes,	Le basalte,
Les calcaires,	Les filons aurifères,
Les lignites.	Peut-être le fer pisolithique.

[1] Quelques auteurs divisent encore le tertiaire en *éocène*, *oligocène*, *miocène* et *pliocène*. L'oligocène comprend alors les assises supérieures de l'éocène et les assises inférieures du miocène qui se sont déposées dans la vallée du Rhin, près de Mayence, pendant une incursion qu'y fit la mer du Nord.

On y trouve encore différentes variétés de silice, ainsi que du gypse, du sel gemme, et de la chaux phosphatée dont l'origine paraît être la même que dans les formations secondaires.

Sables, grès et conglomérats. — Les sables, les grès et les conglomérats sont très abondants dans le tertiaire, et forment près de la moitié des assises du bassin de Paris. Ils présentent de nombreuses variétés de couleurs et de grains. On exploite souvent les sables pour la fabrication de la verrerie, et les grès pour le pavage des rues.

Argiles et marnes. — Les argiles tertiaires sont des mélanges de silice et d'alumine rarement assez purs pour servir à la fabrication de la poterie fine. On les emploie beaucoup en Angleterre et dans le nord de la France pour la fabrication des briques. Les marnes sont surtout abondantes dans le tertiaire supérieur d'Italie ; quelques-unes forment émulsion avec l'eau et servent à dégraisser les étoffes.

Calcaire. — Les calcaires tertiaires sont des variétés de carbonate de chaux, qui présentent rarement la texture des calcaires primaires ou secondaires. Le plus commun d'entre eux est le *calcaire grossier*, formé de grains irréguliers de diverses grosseurs et mélangé de sable et de coquilles. Il est très utilisé dans le bassin de Paris pour la construction des édifices. C'est dans ce calcaire que sont ouvertes les carrières de Vaugirard, de Creil et de Chantilly. Presque tous les beaux monuments de Paris et des environs sont en calcaire grossier.

Lignites. — Les lignites du tertiaire sont généralement très riches en principes volatils et ont presque toujours conservé la texture du bois. Ils se rencontrent à plusieurs niveaux ; mais les plus importants à connaître sont ceux qui se trouvent à l'une des premières assises tertiaires des environs de Paris, et qu'on exploite pour la préparation de l'alun et du sulfate de fer, à cause de l'argile et de la pyrite blanche qu'ils renferment. Comme ils sont très pulvérulents, les ouvriers les appellent *cendres*, et on donne le nom de *cendrières* aux carrières d'où ils sont extraits.

Roches éruptives. — Les roches éruptives des terrains tertiaires se présentent soit en coulées, soit en couches de cendres et de lapillis ; elles constituent aussi au sein des assises sédimentaires ces sortes de murs verticaux, que nous connaissons déjà sous le nom de dykes. Elles se font généralement remarquer par leur faible teneur en silice.

Trachyte. — Le trachyte, l'une des deux plus importantes de ces roches, présente, comme nous l'avons déjà vu, une grande rudesse au toucher, et se trouve principalement formé d'orthose vitreux, auquel s'associent quelques matières étrangères. On donne le nom de phonolithe à une variété de trachyte à texture serrée qui résonne facilement sous le choc. Le trachyte est abondant au Mont-Dore en France, et dans les volcans de l'Eifel en Allemagne. C'est avec le trachyte des sept montagnes près du Rhin qu'on a bâti la cathédrale de Cologne.

Basalte. — Le basalte est une roche ordinairement noirâtre ou grise, dont la pâte, formée de feldspath labrador et de pyroxène augite, laisse voir des grains verts jaunâtres d'olivine. Il est très abondant en

Auvergne, où ses coulées se divisent souvent en prismes hexagonaux.

Filons aurifères. — Les filons aurifères sont surtout abondants dans le Colorado, en Australie et en Transylvanie. Ils paraissent dus à de puissantes émanations solfatariennes contemporaines des trachytes, qui auraient décomposé les roches en les imprégnant de minerai.

Fer pisolithique. — Le fer pisolithique est un oxyde de fer en grains, que l'on trouve généralement engagés dans une argile rutilante. Cet oxyde est abondamment répandu dans le Jura, dans le Berry et sur les plateaux calcaires ou *causses* de la Lozère, où il est en relation avec les fentes du sol.

Silice. — Les terrains tertiaires présentent trois variétés principales de silice, savoir : la meulière, les silex mélinites et nectiques, et la calcédoine.

1º La meulière est de la silice cariée, qui est très abondante au voisinage de la Ferté-sous-Jouarre, où on l'exploite pour la fabrication des meules de moulin.

2º Les silex mélinites et nectiques sont des nodules siliceux de composition analogue aux silex pyromaques de la craie, et semblent avoir même origine. Ils sont seulement plus légers, surtout le nectique, qui peut flotter sur l'eau.

3º La calcédoine est une sorte de silice amorphe et translucide, analogue à celle des Geysers actuels.

Faune et flore. — Le caractère dominant de la faune tertiaire est le grand développement des mammifères, spécialement de ceux du groupe des didelphes et de l'ordre des ongulés. On y rencontre de grands oiseaux marcheurs, comme les *gastornis*, des reptiles crocodiliens et un grand nombre de poissons de la famille des squales.

A cette époque vivaient aussi des insectes de tous les ordres, spécialement des lépidoptères, dont l'apparition coïncide avec le développement des végétaux à fleurs.

Parmi les mollusques, on ne compte plus ni ammonites ni bélemnites, et il n'y a qu'un petit nombre seulement de brachiopodes. Mais, en retour, les lamellibranches deviennent très abondants, ainsi que les gastéropodes de la famille des *cérithes* (fig. 102) et des *natices*.

Les polypiers paraissent en décroissance, tandis que les foraminifères pullulent au point que certaines

Fig. 102.
Cérithes du tertiaire.

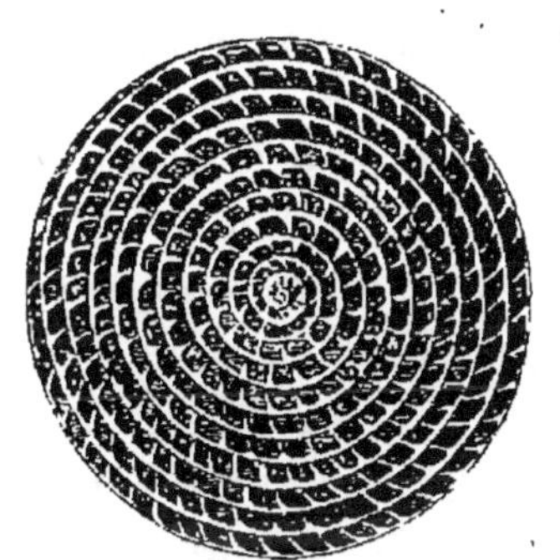

Fig. 103.
Nummulites lævigata du tertiaire.

assises en sont presque complètement pétries. Les plus importants sont ceux qu'on a appelés *nummulites* (fig. 103) à cause de leur grande ressemblance avec des pièces de monnaie.

Flore. — A ses débuts la flore tertiaire n'offre que

peu de différence avec celle du crétacé supérieur; mais peu à peu les palmiers deviennent prédominants, et vers le milieu de la période on voit apparaître les végétaux propres à la partie la plus chaude de notre zone tempérée. Ce sont des laurinées, des rubiacées, des aulnées, des saules, des peupliers et tout un ensemble de conifères de la famille des cyprès. Il y avait alors à la surface de l'Europe d'immenses forêts dont les plus connues sont celles de Gélinden, près de Liège ; de Sézanne en Champagne ; d'Aix en Provence ; et d'Œningen en Suisse. Cette dernière est remarquable par le parfait état de conservation des débris qui y ont été trouvés, et par le grand nombre d'insectes fossiles qu'on y a découverts. C'est aussi à des forêts de conifères abondamment développées sur les bords de la Baltique, qu'il faut attribuer la production du succin, résine fossile, dans laquelle on a souvent rencontré des insectes ensevelis.

Distribution géographique. — Les formations tertiaires ont achevé de combler les golfes ou bassins de l'époque précédente et en occupent surtout les parties qui sont les plus proches des mers actuelles. Leurs assises sont horizontales dans les pays du Nord, mais aux Alpes, aux Apennins et aux Pyrénées, elles ont subi de grands bouleversements. Elles constituent presque toujours un sol très fertile ; et c'est sans doute une des raisons pour lesquelles on a bâti sur ces terrains les principales capitales de l'Europe.

Éocène.

RÈGNE DES NUMMULITES ET DES TAPIRIDÉS

L'éocène est ainsi nommé de sa faune et de sa flore, qui sont comme l'*aurore* de la faune et de la

Fig. 104. — Paleotherium.

flore actuelles. Il commence aux dépôts d'eau douce qui couronnent le crétacé et finit avec le gypse de Montmartre, au moment où de grandes éruptions mirent au jour les trachytes, et où la mer aban-

donna le nord-est de l'Espagne, à la suite du soulèvement des Pyrénées.

Faune et flore. — L'époque éocène est caractérisée
par la prédominance des nummulites et par l'appari-

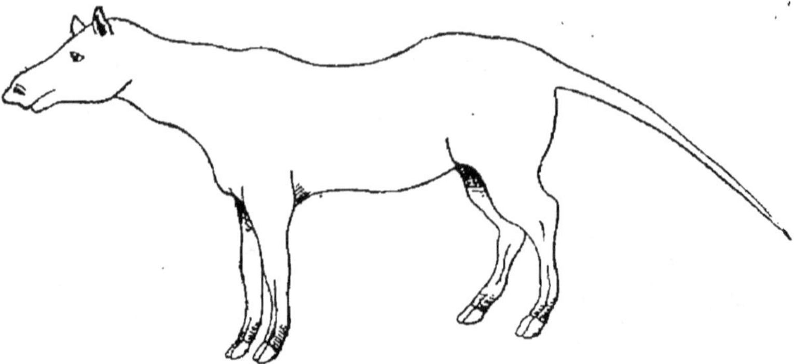

Fig. 105. — Anoplotherium.

tion de mammifères que leur organisation rapprochait des tapirs. Les principaux étaient les *lophio-*

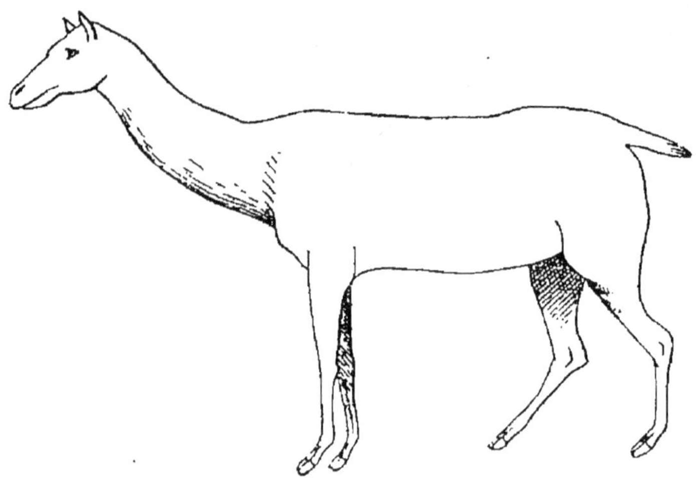

Fig. 106. — Xiphodon.

dons, les *coryphodons* et les *paleotherium* (fig. 104),
qui étaient munis, comme les tapirs, de trois doigts

presque égaux à chaque pied. Il y avait aussi quelques pachydermes de la famille des cochons, entre autres l'*anoplotherium* (fig. 105), qui avait la taille de l'âne, et un précurseur des *ruminants*, le *xiphodon* (fig. 106), qui se rapprochait des gazelles.

Quant aux végétaux, on peut les diviser en deux catégories : ceux de la base de la formation, qui appartiennent en grande partie aux groupes des *laurinées* et des *quercinées*, et ceux du sommet, parmi lesquels dominent les palmiers. C'est surtout en raison de cette différence de flore et des variations d'étendue que subit alors la mer, qu'on a souvent subdivisé l'éocène en deux sous-étages : le *suessonien* à la base et le *parisien* au sommet. Ils tirent leur nom des deux villes, au voisinage desquelles leurs assises sont le plus facilement observables.

Distribution géographique. — L'éocène se rencontre dans les trois bassins de Paris, de l'Aquitaine et de la Méditerranée. Seulement, à l'époque où il se déposait, le bassin de Paris était divisé en deux bassins secondaires par un bombement de terrain qui allait de Boulogne à l'île de Wight. Le plus septentrional de ces deux bassins était celui de Londres; l'autre, celui de Paris. C'est dans le bassin de Paris que l'éocène a été le plus étudié, et que ses divisions sont le mieux établies.

ÉOCÈNE DU BASSIN DE PARIS

On a subdivisé l'éocène du bassin de Paris en sept formations, dont les trois premières correspondent au suessonien, et les quatre autres au parisien.

Ce sont :

1. Les sables de Bracheux,
2. Les argiles plastiques ou lignites du Soissonnais,
3. Les sables de Cuise,
4. Le calcaire grossier,
5. Les sables de Beauchamp,
6. Les marnes de Saint-Ouen,
7. Le gypse et les marnes vertes.

1. Sables de Bracheux. — Les sables de Bracheux, qu'on appelle aussi quelquefois glauconie de la Fère, désignent une assise sableuse très développée au voisinage de la Fère, de Soissons et de Laon. Cette assise débute par les marnes strontianifères de Meudon, et passe quelquefois à une argile mêlée de nodules de silex, que l'on désigne pour cela sous le nom d'*argile à silex*. C'est à ce niveau que se trouvent les sables blancs de Rilly-la-Montagne près de Reims, qui sont surmontés d'une petite formation lacustre à *physa*, ainsi que le *travertin* ou calcaire *stalactiforme* de Sézanne, si riche en débris de végétaux. Le principal fossile marin de ces sables est l'*ostrea bellovacina*.

2. Argile plastique et lignites. — La formation de l'argile plastique, ou des lignites du Soissonnais, porte ainsi deux noms différents, parce qu'elle présente deux faciès. Dans le voisinage de Paris, elle est composée presque uniquement d'une argile qui fait pâte avec l'eau, tandis que, près de Soissons et de Laon, elle renferme abondamment les débris de lignites appelés *cendrières*. Ces derniers sont exploités, comme nous le savons, pour la préparation de l'alun à raison de la grande quantité d'alumine et de pyrite ou sulfure de fer qu'ils renferment. Quant aux argiles, elles servent près de Paris à la préparation des poteries et des briques. C'est à ce niveau que se trouve le *coryphodon* et qu'on a découvert, tant à Meudon qu'à Cernay, près de Reims, les ossements du *gastornis*.

3. Sables de Cuise. — Ces sables sont ainsi désignés de la localité de Cuise-la-Motte, dans le voisinage de Soissons, où ils sont puissamment développés. On les nomme aussi sables nummulitiques du Soissonnais, parce qu'ils renferment une petite nummulite appelée *nummulites planulata*. On y trouve encore un gastéropode remarquable, la *nerita schmideliana* (fig. 107). Ces sables forment les flancs des collines des environs de Bruxelles, et supportent les buttes sur lesquelles se trouvent construites les villes de Cassel et de Laon.

Fig. 107.
Nerita schmideliana.

4. Calcaire grossier. — Le calcaire grossier est formé par **un**

ensemble varié de couches fossilifères, où dominent les calcaires à texture grossière, si activement exploités dans les carrières de Creil, de Chantilly, de Saint-Leu, de Nanterre, de Vaugirard et de Montrouge.

Les dernières assises de cette formation présentent assez souvent une alternance de marnes magnésiennes et de calcaires compacts, associés à des débris siliceux, dont l'ensemble porte le nom de *caillasses*. Il n'est pas rare non plus de voir, dans le sud-est de l'Ile-de-France, des dépôts d'eau douce y prendre la place des formations marines, comme cela a lieu au voisinage de Provins ainsi qu'à Morancez, près de Châteaudun. Les principaux fossiles que l'on y rencontre sont la *cerithium giganteum*, la *cardita planicosta* (fig. 108),

Fig. 108.
Cardita planicosta.

et la *nummulites lævigata* (fig. 103). C'est à cette dernière que le calcaire grossier doit le nom de *pierre à liards*, qu'on lui donne aux environs de Laon.

5. Sables de Beauchamp. — Les sables de Beauchamp, ou sables moyens, par opposition aux sables de Bracheux et de Cuise qu'on appelle sables inférieurs, constituent une formation très développée dans la forêt de Senlis et aux environs de Villers-Cotterets. Cette formation comprend, non seulement des sables, mais aussi des grès à paver et sur certains points des calcaires lacustres, comme à Ducy-en-Valois. Le principal fossile marin que l'on y rencontre est une toute petite nummulite, la *nummulites variolaria,* associée à diverses variétés de *cérithes.*

6. Calcaires et marnes de Saint-Ouen. — Les calcaires et marnes de Saint-Ouen sont un dépôt d'eau douce caractérisée par la présence de la *lymnea longiscata* (fig. 109), appartenant à un genre de mollusques qui vit encore dans nos étangs. C'est principalement à ce niveau que se trouvent les silex mélinites et nectiques.

Fig. 109.
Lymnea longiscata.

7. Gypse. — L'assise du gypse est formée d'une alternance de gypse et de marnes bariolées, où l'on trouve le plus beau gisement de mammifères de l'éocène. On y rencontre, en effet, le paleotherium, l'anoplotherium, le xiphodon, etc. (fig. 104, 105 et 106). Le gypse qu'elle fournit est activement exploité dans les carrières de Montmartre, où il se montre tantôt en prismes saccharoïdes, tantôt en cristaux lenticulaires, désignés sous le nom de *gypse fer de lance*.

On remarque que ce gypse est remplacé, près de Champigny, par un travertin calcaire imprégné de calcédoine.

ÉOCÈNE DU BASSIN DE L'AQUITAINE

Dans le bassin de l'Aquitaine, les diverses formations *suessoniennes* paraissent n'avoir d'autres représentants que les calcaires lacustres à *physa prisca* du voisinage de Montolieu et les assises à *alvéolines* des Pyrénées, où se trouve la *nerita schmideliana*.

Mais le *parisien* y atteint un développement considérable.

Il débute par les calcaires de Blaye, où l'on rencontre une multitude de *nummulites* voisines de la nummulite planulata, et un nombre considérable de débris de crabes et d'oursins.

Au-dessus vient une formation marneuse qui paraît être l'équivalent des sables de Beauchamp, et où l'on rencontre le tube d'un annélide, la *serputa spirulea* (fig. 110), fort répandu dans toute la formation.

Fig. 110.
Serputa spirulea.

Enfin le dépôt se termine, ou par des poudingues, appelés poudingues de *Palassou,* ou par des grès, désignés sous le nom de *grès de Carcassonne,* ou bien encore par des poudingues et des lentilles de gypse, comme cela a lieu près de Castelnaudary. C'est dans cette dernière formation que se trouvent le paleotherium et le xiphodon caractéristiques des gypses de Montmartre. On en trouve de nombreux débris dans ce que l'on nomme les *phosphorites du Quercy.*

ÉOCÈNE DU BASSIN DE LA MÉDITERRANÉE

L'éocène du bassin de la Méditerranée comprend une grande formation calcaire, qui s'étend des Pyrénées jusqu'en Chine à travers les Alpes, les Balkans et les montagnes de l'Asie Mineure, et que l'on désigne sous le nom de formation nummulitique, à cause de la prodigieuse quantité de nummulites de toute grandeur que l'on y rencontre. C'est avec ce calcaire qu'ont été construites les célèbres pyramides d'Égypte.

Il paraît correspondre surtout aux assises du sous-étage *parisien*, et se termine, dans presque toute la région des Alpes, par des grès remplis de *fucoïdes*, dont l'ensemble est désigné sous le nom de Flysch. Quant au suessonien, il n'aurait d'autres représentants connus que les *travertins* de Montpellier, renfermant la flore de Sézanne et quelques dépôts lacustres du voisinage de Langesse en Provence.

Les auteurs sont généralement d'accord pour rattacher aux assises nummulitiques supérieures le gypse d'Aix, si remarquable à la fois par sa flore et par les restes de mammifères que l'on y rencontre.

Miocène.

RÈGNE DES PORCINÉS

Le miocène commence, comme nous l'avons dit, au soulèvement des Pyrénées, et se termine au grand phénomène qui donna aux Alpes centrales leur relief actuel. Son nom vient de ce que sa faune et sa flore, tout en accusant les caractères des formes récentes et actuelles, les accusent moins (meion) que la faune et la flore du pliocène.

Faune et flore. — Il est surtout reconnaissable à l'abondance de mammifères ongulés, que leur organisation rapprochait des cochons, et qui étaient munis comme eux de quatre doigts pairs, dont deux plus grands au milieu, et deux plus petits sur les côtés. Les principaux d'entre eux étaient : les *anthracotherium* à fortes canines et à molaires comprimées, et les *cainotherium*, qui rattachaient les cochons aux chevrotains. Les ruminants devinrent aussi très abondants vers la fin de l'époque, et furent représentés surtout par les genres *antilope*, *cervus* et *helladotherium*. Il y avait aussi quelques grands carnassiers, quelques proboscidiens précurseurs des éléphants, tels que le *mastodonte* et le *dinotherium*, et des types voisins des jumentés, entre autres les *anchitherium* et les *hipparions*. Ces derniers avaient trois doigts impairs comme les paleotherium; mais le médian était beaucoup plus développé que les deux autres, restés fort petits, ce qui les rapprochait des chevaux qui n'ont qu'un doigt.

Les poissons y étaient principalement représentés par des *squales*, et les mollusques, par des *cérithes*, des *pecten* et des *cardita*. On rencontre aussi beaucoup d'oursins dans les formations miocènes de la Méditerranée; mais il n'y a que peu de foraminifères.

Quant à la flore, elle comprenait surtout des fougères du genre osmonda, quelques espèces de palmiers et de nombreuses formes d'*érables*, de *charmes*, d'*acacia* et de *chênes*.

Distribution géographique. — Le terrain miocène s'est déposé, comme l'éocène, dans les trois bassins de Paris, de l'Aquitaine et de la Méditerranée. Dans ce dernier il porte généralement le nom de *mollasse*, parce qu'il y est en grande partie formé d'un grès argilo-calcaire, assez *mou* pour être facilement travaillé.

MIOCÈNE DU BASSIN DE PARIS

Dans le bassin de Paris le miocène se divise en six formations qui sont :

1. Les calcaires lacustres de Brie,
2. Les sables de Fontainebleau,
3. Les calcaires lacustres de Beauce,
4. Les sables de l'Orléanais,
5. Les sables de la Sologne,
6. Les faluns de la Touraine.

1. Calcaires lacustres de Brie. — Ces calcaires, ainsi nommés du pays où ils présentent leur plus beau développement, sont tantôt marneux, tantôt compacts, et parfois tellement imprégnés de silice, qu'ils passent à l'état de meulière, comme à la Ferté-sous-Jouarre. On y rencontre souvent des nodules de sulfate de strontiane ; mais, à part quelques *planorbes* et quelques *lymnées*, les fossiles y sont rares. Ils débutent généralement par un dépôt d'eau saumâtre dont les assises supérieures, très argileuses, sont utilisées pour la fabrication des briques. C'est à leur niveau qu'il faut placer la pierre de taille de Château-Landon, avec laquelle on a construit la crypte de la basilique de Montmartre, ainsi que l'arc de triomphe de l'Étoile, à Paris.

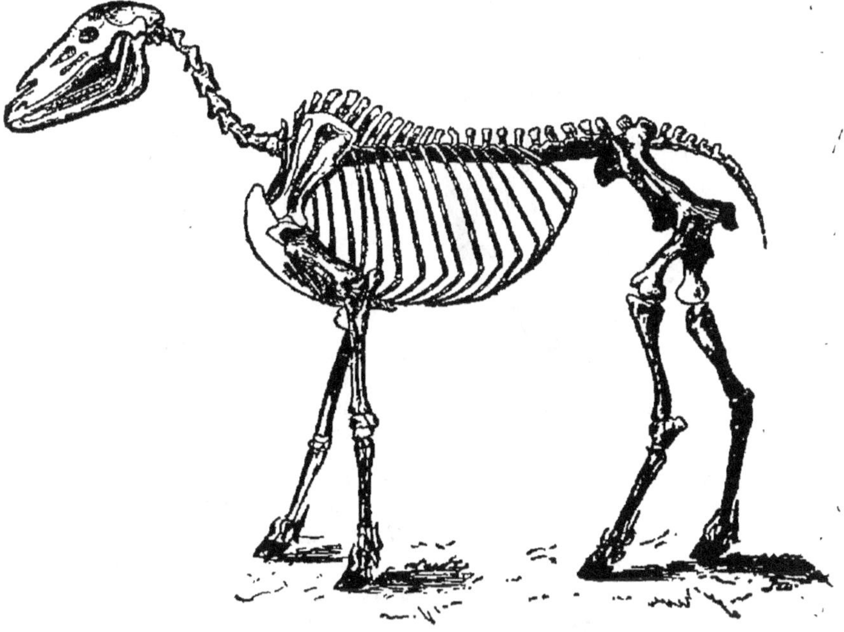

Fig. 111. — Squellette d'hipparion.

2. Sables de Fontainebleau. — Ces sables constituent une assise marine très régulière reposant sur les calcaires de Brie, et dont la base, qui est argileuse, renferme en assez grande abondance l'*ostrea longirostris*. Plus haut le sable blanchit et passe au grès, en même temps que les fossiles deviennent plus rares. Les deux principaux sont la *natica crassatina* (fig. 112) et le *cerithium plicatum* (fig. 113). C'est ce sable qui constitue le sol si peu fertile de la forêt de Fontainebleau.

3. Calcaire lacustre de Beauce. — Les calcaires de Beauce, très répandus dans le Gatinais, présentent, comme le calcaire de Brie, de nombreuses intercalations de meulières. Ils débutent également par des couches saumâtres à *cerithium Lamarckii* et se terminent par un grès calcaire apppelé *mollasse du Gatinais*. Outre les fossiles d'eau douce, qui y sont les mêmes que ceux du calcaire de Brie, on y trouve à Ormoy des fossiles marins, et, sur beaucoup de points, un mollusque terrestre, l'*helix Ramondi*.

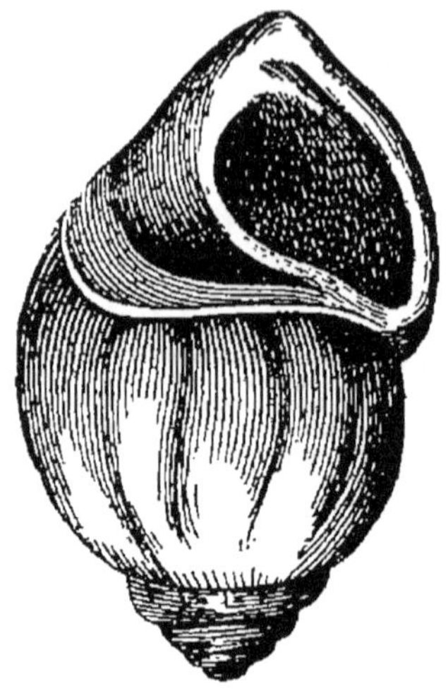

Fig. 112. — Natica crassatina.

Fig. 113. — Cerithium plicatum.

4. Sables de l'Orléanais. — Les sables de l'Orléanais sont des sables grossiers et argileux, sur lesquels repose la forêt d'Orléans. Ils offrent tous les caractères d'un dépôt fluvio-lacustre, et ne se présentent qu'en taches discontinues. On y trouve des débris d'*anthracotherium* avec des restes d'un proboscidien à molaires couvertes de mamelons, et nommé pour cela *mastodonte*. Ils sont çà et là surmontés par le calcaire dit de Montabuzard, qui renferme de nombreux restes d'*anchitherium*. Vers l'ouest, ces sables renferment quelques fossiles marins, dont le principal est la *cardita Jouanetti* (fig. 114).

Fig. 114.
Cardita Jouanetti.

5. Sables de la Sologne. — On appelle sables de la Sologne des sables argileux, qui atteignent une épaisseur de plus de quarante mètres sur la rive droite de la Loire. Ils sont dépourvus de fossiles et surmontent sans apparence de stratification les sables marneux de l'Orléanais. C'est à ce niveau qu'il convient de rapporter les sables *kaoliniques* de l'Eure, dont l'origine est peut-être due à des éruptions boueuses.

6. Faluns de Touraine. — On désigne sous ce nom des grès tendres et sableux, presque uniquement formés de coquilles brisées de mollusques, de polypiers et de bryozoaires. Ils surmontent directement à Loings les sables de la Sologne et présentent à Pontlevoy une faune extrêmement variée où domine l'*ostrea crassissima* (fig. 115).

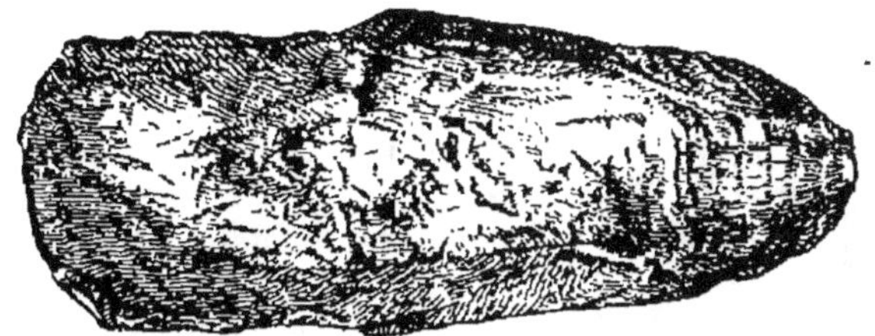

Fig. 115. — Ostrea crassissima.

Leurs dernières assises sont constituées par une marne noduleuse où l'on trouve l'*helix turonensis*.

Les faluns de Touraine se rencontrent dans la Touraine, la Bretagne et l'Anjou à peu près sous le même aspect. Mais dans les deux derniers pays, ils paraissent un peu plus récents qu'au voisinage de Tours.

MIOCÈNE DU BASSIN DE L'AQUITAINE

Les diverses formations miocènes du bassin de l'Aquitaine présentent, comme celles du bassin de Paris, une alternance plus ou moins régulière de dépôts lacustres et de formations marines. Les formations marines sont surtout abondantes à l'ouest, tandis que les dépôts lacustres dominent à l'est, où le balancement des rivages donnait facilement lieu à des lacs ou à des étangs.

On peut subdiviser l'ensemble en deux groupes, dont l'inférieur renferme comme fossiles caractéristiques la *natica crassatina*, le *cerithium plicatum* et l'*helix Ramondi*, tandis que le supérieur contient surtout la *cardita Jouanetti* avec des dents de squales (fig. 116) et des restes d'oursins.

Le groupe inférieur comprend, dans l'ouest, ou au voisinage de la mer : la *mollasse du Fronsadais*, le *calcaire à astéries*, et les *faluns* de Bazas. Le premier dépôt est un grès argileux qui forme la base des collines des environs de Bordeaux. Le second est un calcaire grossier, fort ressemblant au calcaire éocène des environs de Paris, et pétri de nombreuses articulations d'astéries auxquelles il doit son nom. Le troisième est un mélange de grès de sables et de marnes, très développé près de Bazas et de la Réole, et renfermant beaucoup de cérithes, parmi lesquels le *cerithium plicatum*. C'est généralement dans les calcaires à astéries que la *natica crassatina* se trouve en plus grande abondance.

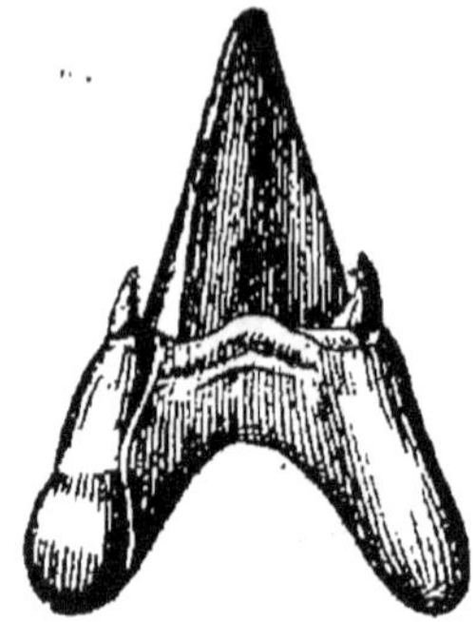

Fig. 116.

Dent de squale du miocène.

A l'est, les représentants de ce groupe sont les *calcaires lacustres* du Périgord, les *mollasses* à anthracoterium de l'Agénois, et les *calcaires lacustres* de la même région. Ces derniers forment généralement une masse compacte, qui surmonte en beaucoup de points la formation des faluns et des calcaires à astéries, et où l'on trouve l'*helix ramondi*.

Le groupe supérieur est constitué par les *faluns coquilliers* de Bordeaux, qui renferment beaucoup de dents de squales et par les sables de Salles et d'Orthez, où se rencontrent en abondance la *cardita Jouanetti*. C'est au niveau de ces formations qu'il faut placer les gîtes miocènes de Sansan et de Simorre, qui ont fourni un grand nombre de mastodontes, de rhinocéros, d'anchitherium, etc.

MIOCÈNE DU BASSIN DE LA MÉDITERRANÉE

Dans le bassin de la Méditerranée, le miocène comprend deux étages de mollasse marine, séparés par une mollasse d'eau douce, et couronnés par des dépôts lacustres où abondent des restes de végétaux et des débris de mammifères. On y rencontre à diverses hauteurs une sorte de conglomérat, dit *nagelfluh*, formé tantôt de cailloux calcaires impressionnés, tantôt d'un mélange de calcaire, de granite, de porphyre, de syénite, etc.

Le premier étage de la mollasse marine est surtout développé dans les environs de Bâle, où il est constitué par des grès quartzeux, et au voisinage de Colmar, en Alsace, où il se présente sous la forme de marnes bleues, renfermant la *natica crassatina*.

Le second couronne les collines du voisinage de Berne, et se présente en lambeaux dans l'intérieur du Jura. C'est un grès blanc, gris ou verdâtre, qui renferme en abondance des dents de squales associées à l'ostrea crassissima.

Quant à la mollasse d'eau douce, elle présente une série de couches diversement colorées, et fort riches en débris de végétaux, surtout près de la ville de Lausanne. On y rencontre quelquefois l'*helix Ramondi*.

Parmi les dépôts lacustres du sommet, les plus importants sont

Fig. 117. — Dinotherium restauré.

ceux d'Œningen et du mont Leberon. Le premier était situé sur les bords du lac de Constance, et n'a pas fourni moins de cinq cents espèces de végétaux, où bon nombre de formes européennes se trouvent mêlées à des types étrangers. Le second était situé près de Cucuron, dans la Vaucluse. Il est remarquable par les débris de *sangliers*, d'*hipparions*, de *rhinocéros* et de *dinotherium*, qui s'y trouvent conservés dans un limon rougeâtre. On a aussi retrouvé un beau gisement de mammifères à peu près de même époque à Pikermi, dans la Grèce.

MIOCÈNE DE L'AUVERGNE, CALCAIRE A INDUSIES

Entre les trois bassins dont il vient d'être question, c'est-à-dire dans l'intérieur du plateau central, il y avait déjà, dès l'éocène, un certain nombre de lacs, dont les plus importants étaient ceux de la Limagne et du Velay. Il s'y déposa d'abord des ar koses

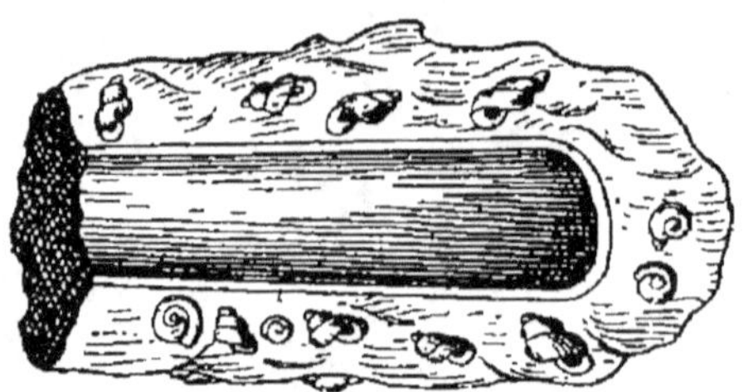

Fig. 118. — Tube de frigane.

dont l'âge n'est pas facile à préciser, puis des *pépérites* ou débris de cendres volcaniques, associées à des calcaires, qui renferment quelques débris de l'*helix Ramondi*. Ces pépérites sont surtout remarquables par le nombre prodigieux de mammifères et d'oiseaux qu'on y a découverts, et par la présence des *indusies de friganes* (fig. 118). On désigne de ce nom des étuis façonnés de brins de bois et de coquilles minuscules dans lesquels les larves de *friganes* s'abritaient pour se soustraire à la voracité des poissons.

Pliocène.

RÈGNE DES PROBOSCIDIENS

Le pliocène comprend les terrains qui se sont déposés depuis le principal soulèvement des Alpes jusqu'au soulèvement de l'Apennin, et à l'apparition des grands glaciers. C'est à cette époque que les contrées de l'Europe achevèrent d'acquérir leur relief, et que les espèces actuelles achevèrent de se montrer : d'où son nom de pliocène.

Faune et flore. — Le pliocène est surtout caractérisé par le grand développement des proboscidiens, et par l'apparition du genre *equus,* ou cheval. On y rencontre aussi beaucoup de rhinocéros et d'hippopotames.

Les mollusques d'alors ressemblent beaucoup à ceux de l'époque actuelle, et appartiennent en grand nombre déjà à des espèces qui habitent aujourd'hui les contrées froides.

C'est pendant le pliocène que les grands palmiers quittèrent l'Europe, et que la suprématie fut définitivement acquise aux végétaux de la famille du hêtre, du chêne, de l'érable, du peuplier, du noyer, du mélèze, etc.

Distribution géographique. — Ce terrain se rencontre principalement en Italie, où il s'élève sur l'un et l'autre versant de l'Apennin à des altitudes supérieures à 800 mètres. Il occupe aussi de grandes surfaces dans le sud de l'Europe orientale et constitue sur les rivages d'Angleterre et de Belgique le sol graveleux que l'on désigne sous le nom de *crag.* En France il se montre par lambeaux dans le Roussillon, le Languedoc et la Bretagne, ainsi que sur plusieurs points de la vallée du Rhône, où il est

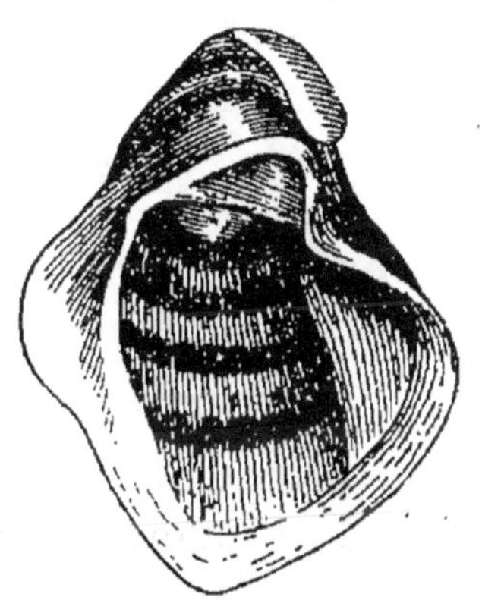

Fig. 119.
Congeria subglobosa du pliocène.

tantôt à l'état de dépôt marin, tantôt à l'état de dépôt lacustre.

Divisions. — En Italie, la base du pliocène est constituée par des marnes bleuâtres et sableuses, riches en coquilles des genres *congéries* (fig. 119), *nassa* et *potamides :* ce sont les marnes *subapennines* proprement dites ou *messinien*. Au sommet se présentent des graviers et des conglomérats, où domine l'*elephas meridionalis,* et que l'on nomme étage *astien,* de la ville d'Asti, où ils sont très développés.

C'est à cet étage supérieur qu'il convient de rattacher dans la vallée du Rhône les *tufs calcaires* de Meximieux, si riches en espèces végétales, et les formations dites d'Hauterives, où se trouvent des poudingues, accusant sans doute que, vers la fin du pliocène, le phénomène du creusement des vallées avait commencé à se produire. Par contre, les gisements de sel de Wieliczka, en Pologne, seraient contemporains du pliocène inférieur, car les marnes dans lesquelles ils se trouvent intercalés renferment beaucoup de fossiles de l'âge des *congéries*.

Un fait qui accuse que l'activité volcanique était considérable alors, est l'emprisonnement dans le pliocène de Sicile de plusieurs couches de tuf éruptif et la grande masse de débris ponceux qui en forment le couronnement dans la campagne romaine. C'est à cette époque surtout que les volcans de l'Auvergne et ceux des bords du Rhin donnèrent lieu à de nombreuses éruptions.

Aperçu général sur la période tertiaire

La période tertiaire ne présente plus, comme celle qui la précédait, les caractères d'une période de calme. Ce fut alors, en effet, que surgirent les grands massifs montagneux des Pyrénées, des Alpes et des Apennins, et que les volcans vomirent cette multitude de produits divers, qui constituent la plus grande partie des roches éruptives récentes.

En même temps que ces phénomènes se passaient, la mer, de plus en plus rejetée des bassins qu'elle avait occupés auparavant, les abandonnait et les en-

vahissait tour à tour comme dans une lutte déses-
pérée, pour céder enfin l'empire à la terre ferme. De
là cette grande abondance de sables et de grès, ces
fossiles d'eaux saumâtres, et ces alternances multi-
pliées de dépôts lacustres et de dépôts marins.

Alors aussi, les zones climatériques, jusque-là indé-
cises, commencèrent à s'accuser. A mesure que le
froid augmentait, les divers végétaux s'éloignèrent du
pôle, comme centre de diffusion, pour gagner l'équateur, et c'est ainsi qu'il y eut, à la surface de l'Europe
occidentale, de si nombreuses successions de flore.
L'époque peut-être la plus remarquable dans ces
séries changeantes de végétations, fut celle de la fin
du miocène, alors qu'au midi de l'Europe dominaient
les gigantesques ruminants dont on a retrouvé les
restes au mont Leberon et à Pikermi. Quoi qu'il en
soit, à mesure que le sol s'émergeait, la température
devenait plus basse, les précipitations atmosphériques plus abondantes. L'Europe se préparait peu
à peu au régime des grands cours d'eau et des grands
glaciers qui caractérise le quaternaire.

Bien que les formations tertiaires ne soient pas
tout à fait complètes dans le bassin de Paris, le meil-
leur moyen de les étudier est encore de les observer
dans le voisinage de cette grande capitale.

Si l'on part, en effet, de Laon vers Paris, on aperçoit d'abord une série de buttes, parmi lesquelles se
trouvent le plateau de Craonne et l'escarpement sur
lequel est bâtie la ville même de Laon. Toutes ces
buttes sont couronnées par du calcaire grossier, et
s'appuient sur la craie blanche par un dépôt sableux,
qui est la zone des sables de Bracheux. C'est sur leurs
flancs, et dans l'intervalle des sables de Bracheux au
calcaire grossier, qu'on rencontre l'argile plastique

avec les cendrières qui y sont incluses, et les sables de Cuise. En s'avançant plus au sud-ouest, on voit le calcaire grossier descendre au niveau de la plaine, dans le voisinage de Soissons, puis disparaître sous les sables de Beauchamp, à quelque distance de Villers-Cotterets. Les sables se continuent pendant quelque temps, puis on tombe dans la plaine de Saint-Denis, où affleurent les marnes de Saint-Ouen, recouvrant les sables. Alors se présentent de nouvelles buttes, analogues d'aspect à celles du Laonnais, mais d'une tout autre composition. Ce sont celles de Montmartre, de Belleville, de Montmorency, etc. Leur base est formée par les gypses et les marnes vertes, leurs flancs par les sables de Fontainebleau, et leur sommet par des meulières de l'âge des calcaires de Beauce. Si l'on veut rencontrer les autres formations, il faut dépasser Paris et se porter plus au sud-ouest, dans la direction d'Orléans et de Tours. C'est alors qu'on trouvera les sables de l'Orléanais, les sables de la Sologne et les faluns de Touraine : tout le miocène supérieur en un mot. Quant au pliocène, il s'en trouve seulement quelques lambeaux graveleux près de Chartres. (Voir la carte.)

TERRAINS QUATERNAIRES

APPARITION DE L'HOMME

Les terrains quaternaires comprennent les dépôts qui se sont formés à la surface du globe depuis l'émersion des marnes *sub-apennines* jusqu'à nos jours.

Ces dépôts sont, pour la plupart, des dépôts d'alluvions ; de là le nom de *terrains diluviens*, qu'on leur donne souvent. Leur grande abondance indique que, pendant l'époque quaternaire, les précipitations atmosphériques furent intenses.

Tout démontre aussi qu'alors les phénomènes éruptifs n'avaient rien perdu de leur énergie. C'est même probablement de cette époque que date l'activité du Vésuve et de beaucoup de volcans actuels. On doit également faire remonter au quaternaire l'ouverture du canal de la Manche, et l'affaissement qui a donné lieu au détroit de Gibraltar.

On ne saurait douter non plus que, pendant toute la durée de cette formation, la surface de l'Europe ne fût sujette à de grandes oscillations.

Faune et flore. — La faune de l'époque quaternaire se composait, en majeure partie, d'espèces qui subsistent encore de nos jours.

Les mollusques étaient presque tous de même nature que ceux de nos fleuves, de nos étangs et du rivage de nos mers. Quelques-uns cependant, comme la *mya truncata,* se sont confinés dans les régions arctiques après s'être tantôt avancés vers le sud, tantôt reculés vers le nord, suivant les conditions climatériques auxquelles le globe était soumis.

Fig. 120. — Mammouth.

Quant aux mammifères, à côté d'espèces encore vivantes, ils comprenaient des espèces actuellement disparues. C'est à cette dernière catégorie qu'appartiennent l'*elephas antiquus,* successeur de l'*elephas meridionalis* du pliocène, le *mammouth* ou *elephas primigenius* (fig. 120), qui était couvert d'une longue crinière, le *rhinocéros tichorhinus,* l'*hippopotamus major* et l'*ours des cavernes.* Ceux qui subsistent encore ont en grande partie émigré soit vers les régions plus froides, comme le *renne* et l'*élan*, soit vers les régions chaudes, comme le *lion*, la *hyène* et les *hippopotames*, des fleuves africains. Le mammouth vivait à cette époque jusqu'en Sibérie, où son

Fig. 121. — Megatherium.

corps a été retrouvé presque en entier dans le sol congelé.

En Amérique et dans l'Australie, la faune quaternaire présentait des caractères tout à fait spéciaux. Dans la première de ces régions vivaient, à côté du *mastodonte*, de grandes espèces de chevaux et des édentés gigantesques, tels que le *glyptodon*, sorte de tatou de la taille du bœuf, et le *megatherium* (fig. 121), voisin des paresseux. Dans la seconde, dominaient les *marsupiaux*, précurseurs de ceux qu'on y rencontre encore maintenant.

La flore avait alors aussi à peu près les mêmes caractères qu'aujourd'hui. On y rencontre cependant quelques espèces qui paraissent actuellement perdues, entre autres un peuplier à grandes feuilles, rappelant par sa forme le peuplier baume d'Amérique, ainsi qu'un chêne à gros glands.

C'est à cette époque que l'homme fit son apparition sur la terre; les traces qu'il a laissées de son industrie naissante ont servi, aussi bien que la succession des animaux, à établir dans le quaternaire trois subdivisions.

La plus inférieure, marquée par l'existence de l'*elephas antiquus*, s'appelle *acheuléenne*, parce que le type en existe à Saint-Acheul, près d'Amiens. On y rencontre des silex éclatés, triangulaires ou amygdaloïdes, mêlés aux ossements de ce dernier éléphant et au squelette de l'*hippopotamus major*.

La moyenne, caractérisée par la présence du mammouth ou *elephas primigenius*, a reçu le nom de *moustérienne*, de la grotte de Moustier, dans la Dordogne. On y trouve des instruments en forme de grattoirs, taillés sur une seule face, et souvent façonnés par de larges éclats.

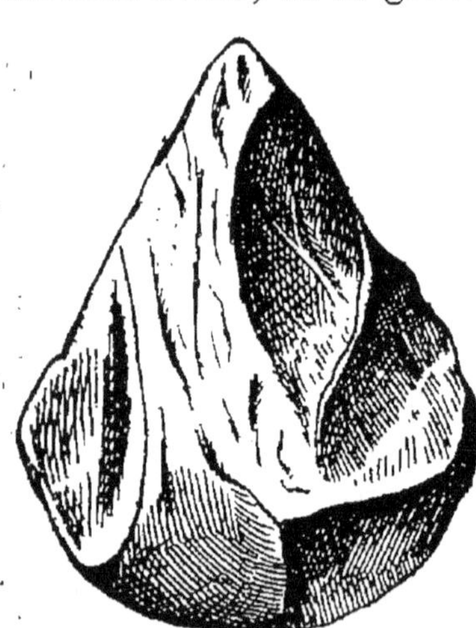

Fig. 122. — Silex taillé.

La supérieure, riche en débris de renne (*cervus tarandus*), est désignée du nom de *magdalénienne*, de la localité de la Madelaine, en Périgord, où le silex est mieux taillé (fig. 122) que dans la précédente, et souvent associé à des instruments en os ou en ivoire.

Ces divisions ne peuvent être regardées comme

absolues, surtout en ce qui concerne les traces de l'industrie humaine, car de nos jours certaines peuplades en sont encore à l'emploi du silex éclaté ou de la pierre polie.

Les principaux éléments qui constituent le terrain quaternaire sont les *graviers*, le *lœss*, le *limon*, les *tufs calcaires* et les *dépôts erratiques*. Les tourbes paraissent avoir commencé à se former lorsque cette époque touchait à sa fin.

Graviers. — Les graviers sont des nappes de cailloux roulés qui alternent avec des lits de sable, et qui s'échelonnent en terrasses successives depuis le fond des vallées jusqu'aux lignes de partage des eaux. Lorsqu'ils atteignent une certaine épaisseur, ils présentent généralement deux couches, l'une plus extérieure, rougeâtre, qu'on appelle *diluvium rouge,* l'autre plus inférieure, qu'on désigne sous le nom de *diluvium gris.*

Le diluvium rouge n'est probablement qu'un produit d'altération du diluvium gris, sous l'influence des agents atmosphériques.

En tenant compte de la hauteur à laquelle il se trouve et de la grosseur de quelques-uns de ses grains, on est obligé d'admettre qu'alors les rivières avaient un énorme débit et un régime tout à fait torrentiel.

La Seine, par exemple, qui, dans ses plus grandes crues, ne charrie pas plus de 2,500 mètres cubes d'eau par seconde, en devait débiter plus de 60,000. La Somme, si faible aujourd'hui, avait alors un lit dont la largeur dépassait un kilomètre; celui de la Durance atteignait une lieue dans les plaines provençales.

Lœss et limon. — Le lœss et le limon sont des produits argileux diversement colorés, qui paraissent s'être formés sur les plateaux pendant que les graviers se déposaient dans les régions basses. Beaucoup d'auteurs ont voulu y voir des produits d'anciens glaciers, mais il paraît plus probable, vu leur composition, qu'ils sont un résultat de l'altération des terrains sous l'influence de la gelée et des précipitations atmosphériques. Le résultat le plus avancé de cette altération serait le limon, qui surmonte le lœss, et qui est formé presque toujours d'une terre rougeâtre très fertile, appelée selon les pays *terre à betteraves* ou *terre à briques*. Le lœss serait alors au limon ce que le diluvium gris est au diluvium rouge. On y rencontre, en effet, des fragments de silex et des débris calcaires, qui indiquent que l'altération n'y a pas été complète. Un des plus beaux dépôts que l'on en puisse citer est celui de Sangatte, près de Calais, à l'entrée de tunnel sous-marin.

Tufs calcaires. — Les tufs calcaires de l'époque quaternaire sont des dépôts effectués dans les mêmes conditions que les stalactites actuelles. Ils sont abondants sur les bords des cours d'eau, où ils sont souvent chargés d'empreintes végétales, ainsi que dans certaines cavernes, où ils alternent avec des argiles et des sables et renferment les débris de l'ours des cavernes et des autres animaux qui lui étaient contemporains.

Dépôts erratiques. — Les dépôts erratiques sont des formations d'origine glaciaire, que l'on trouve abondamment répandues soit dans les régions du Nord, soit au voisinage des grands massifs montagneux.

Tantôt ils affectent la forme de moraines, comme près des Alpes, des Pyrénées, du Jura et des Vosges, où ils ressemblent à s'y méprendre aux moraines actuelles. Tantôt ils présentent avec cela les dehors de débris entraînés par les glaces flottantes, ainsi que cela a lieu dans l'Allemagne du Nord, où des blocs de granite, venus des montagnes scandinaves, se trouvent mélangés à des sables et à des graviers. Tantôt enfin ils se montrent à l'état de produits glaciaires remaniés, ainsi qu'on l'observe dans ce que les Anglais nomment le *till* ou *boulderclay*. Ce dernier est, en effet, formé de pierres anguleuses prises, comme celles des moraines, dans une argile tenace, mais à laquelle s'intercalent des bancs de sables et de graviers renfermant des fossiles marins.

A cette époque, les glaces polaires descendaient très loin vers le sud, et les glaciers atteignaient des dimensions bien supérieures à celles qu'ils présentent de nos jours. Celui du Rhône, qui est actuellement confiné dans les hautes montagnes du Valais, dépassait alors le lac de Genève, s'étendait sur la plaine suisse, où il se mêlait aux glaces venues des autres vallées alpines, puis pénétrait dans le Jura à des altitudes supérieures à 1,300 mètres. C'est ainsi que les roches granitiques provenant de ces montagnes ont été entraînées jusqu'au voisinage de Pontarlier et vers la source de la Loue, sur le revers occidental du Jura, où on les trouve mêlées à des moraines jurassiennes (fig. 123).

Tous ces produits attestent que les précipitations atmosphériques étaient alors extrêmement abondantes. Mais ils ne prouvent pas que la température fût de beaucoup inférieure à celle qu'on observe aujourd'hui. On a calculé, en effet, qu'il suffirait, dans les conditions actuelles de relief du globe, d'un refroidissement de quelques degrés pour faire redescendre les glaciers des Alpes jusqu'auprès de Lyon. L'on sait, d'autre part, que pendant que ces glaciers descendaient vers la plaine, cette dernière était peuplée d'animaux, dont quelques-uns ont actuellement

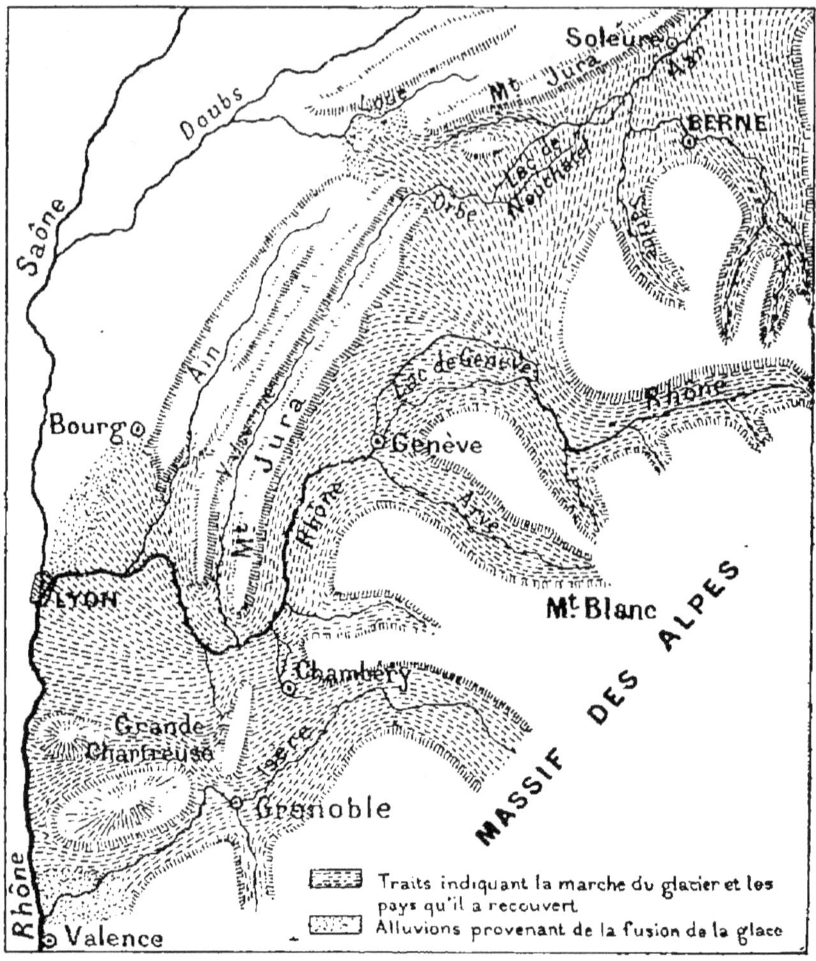

Fig. 123. Carte de l'ancien glacier du Rhône et des glaciers de l'Arve, de l'Isère et de l'Aar.

émigré vers le sud. Peut-être la cause de ces grandes pluies était-elle due à une élévation plus grande du sol de l'Europe, ou bien tenait-elle à une autre répartition des terres et des courants marins.

Lorsque cependant les pluies cessèrent, les nuits devenant plus claires, le froid devint aussi plus intense ; l'homme dut alors se réfugier dans les grottes, et c'est ainsi qu'on y a trouvé des débris de son industrie mêlés à des ossements de carnassiers et d'herbivores.

Fig. 124. — Habitation lacustre.

Les plus importantes de ces grottes sont celles d'Aurignac, dans la Haute-Garonne, du Trou-du-Frontal, dans la vallée de la Lesse et du Gailenreuth, en Allemagne. Il s'en rencontre aussi beaucoup dans les vallées de la Dordogne et de la Vézère.

Bientôt aux silex éclatés succédèrent des instruments moins grossiers, et peu à peu l'homme arriva à se construire des habitations qu'il édifia sur pilotis au bord des lacs ou des étangs (fig. 124). Les débris de ces demeures lacustres se retrouvent encore de nos jours dans les lacs de la Suisse et du Jura. On voit par les substances enfouies dans la vase que l'homme commençait alors à s'adonner à l'agriculture et à l'élevage des bestiaux.

L'âge du bronze suivit cet âge de la pierre, et enfin l'humanité arriva à ce degré de développement où

Fig. 125. — Dolmens et tumuli.

nous la montre l'histoire. C'est à cette limite des temps préhistoriques et de l'ère actuelle que furent probablement élevées ces chambres sépulcrales formées de gros blocs de pierre et que l'on nomme, suivant les cas, *dolmens* ou *tumuli*.

Alors beaucoup d'espèces animales de l'époque quaternaire avaient émigré ou tendaient à émigrer;

les unes vers les pôles, comme le *renne*, les autres
vers des climats plus chauds, comme l'*hippopotame*,
qu'on ne trouve plus qu'au voisinage des tropiques.
Beaucoup aussi étaient éteintes comme le mammouth,
l'ours des cavernes. Quelques-unes, telles que l'*au-
rochs*, dont on ne trouve plus que quelques individus
dans les forêts de l'Europe orientale, étaient en décroissance marquée.

Aperçu général sur l'ensemble des formations géologiques.

D'après ce qui vient d'être dit du passé de la terre,
on voit qu'au-dessus des formations primitives, où se
montre la double empreinte de la chaleur et du feu,
les divers terrains sédimentaires se disposent en
retrait les uns par rapport aux autres, les plus
anciens débordant généralement les plus récents,
comme si pendant les âges géologiques les mers
avaient diminué progressivement d'étendue en aug-
mentant de profondeur.

On voit aussi que les produits éruptifs, d'abord
semblables à quelques-unes des roches des formations
primitives, prennent une couleur de plus en plus
foncée et une densité de plus en plus grande, ce qui
démontre qu'au-dessous de la première écorce de
consolidation où domine le granite, il s'en est formé
une seconde où dominent les porphyres, et qu'une
troisième est en voie de formation aux dépens des
roches basaltiques, dont les éruptions se poursuivent
encore de nos jours.

On voit enfin que dans leur ensemble les organismes animaux et végétaux accusent un refroidisse-

ment de plus en plus marqué de la surface terrestre.

Tout cet ensemble de faits est éminemment favorable à l'opinion qui voit dans notre globe un astre éteint et encroûté.

Mais l'admirable succession des êtres, leurs formes innombrables et variées, l'ordre parfait qui a toujours régné sur la terre, montre que notre globe est l'œuvre d'un Être supérieur et souverainement puissant. L'idée qui se dégage le mieux des études géologiques, est celle d'un Dieu créateur qui aurait peu à peu formé et embelli notre terre et qui y aurait tout disposé, suivant les paroles de l'Écriture, avec nombre, poids et mesure.

FIN

Disposition des terrains de Paris aux Vosges.

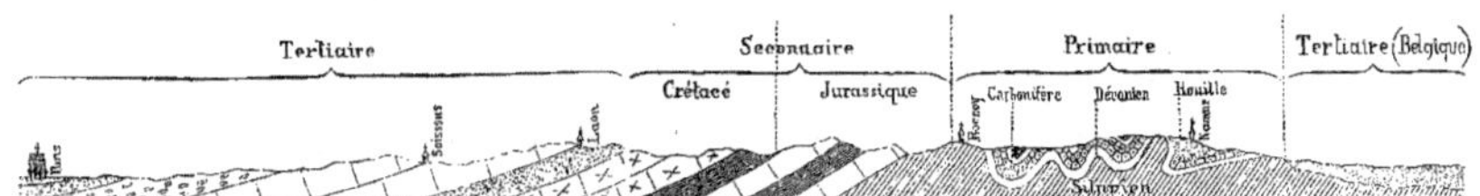

Disposition des terrains de Paris aux environs de Namur.

TABLEAU GÉNÉRAL DES TERRAINS EN COMMENÇANT PAR LES PLUS ANCIENS

GRANDES DIVISIONS ET CARACTÈRES GÉNÉRAUX	DIVISIONS SECONDAIRES	FOSSILES DOMINANTS	ROCHES ÉRUPTIVES	DISLOCATIONS OU APPARITIONS DE MONTAGNES
I. Terrains *primitifs* ou *azoïques*. La croûte terrestre se consolide.	1. Gneiss. 2. Schistes cristallins divers.	Aucun être sur le globe.	Granites. Porphyrites.	Première apparition des continents au milieu des mers.
II. Terrains *primaires* ou *paléozoïques*, c'est-à-dire à organismes anciens. Sur la croûte consolidée, les climats sont uniformes, la chaleur considérable, les pluies abondantes. Première apparition des Poissons et des Batraciens. Règne des Trilobites et des Fougères. Beaucoup d'éruptions. Les roches sont surtout formées de schistes et de grès. Quelques calcaires au sommet.	1. Silurien, âge des Trilobites. — Précambrien.	Traces charbonneuses.	Granites et Syénites.	Formation des premiers plis du nord de l'Europe. Premier plissement de l'Ardenne.
	1. Silurien — Cambrien.	Paradoxides.		
	1. Silurien proprement dit.	Calymènes. Graptolites. Cardiola interrupta.		
	2. Dévonien, âge des Spirifers. — Rhénan ou D. inf.	Pleurodyctium.	Granites et Porphyres.	
	2. Dévonien — Eifélien ou D. moy.	Calceola sandalina.		
	2. Dévonien — Famennien ou D. supér.	Spirifer Verneuilli. Rynchonella cuboïdes.		
	3. Carbonifère et Permien, âge des Productus. — Anthracifère ou inférieur.	Spirifer mosquensis. Productus giganteus.	Granites en bas et Mélaphyres vers le sommet.	Formation des plis de la Bretagne et du plateau central. Deuxième plissement de l'Ardenne.
	3. Carbonifère — Houiller ou supérieur.	Lycopodiacées. Sigillaires. Fougères.		
III. Terrains *secondaires* ou *mésozoïques*, c'est-à-dire à faune et à flore d'âge moyen. Climat encore chaud mais sec. Évaporation donnant le sel sur les rivages de la mer. Règne des Bélemnites, des Ammonites et des végétaux gymnospermes. Première apparition des Mammifères. — Grande abondance de Reptiles. Les roches sont calcaires ou marneuses. Peu d'éruptions.	1. Trias. — Grès bigarré.	Empreintes végétales de calamites	Éruptions de roches vertes.	Aucune apparition de montagne dans les pays les mieux connus.
	1. Trias — Calcaire conchylien.	Ceratites nodosus.		
	1. Trias — Marnes irisées.	Faune rare où il y a du sel, mais ammonites ailleurs.		
	2. Jurassique. — Lias.	Gryphée arquée.	Pas d'éruptions connues en Europe.	
	2. Jurassique proprement dit — inf.	Ammonites Humphresianus.		
	2. Jurassique proprement dit — moy.	Belemnites hastatus.		
	2. Jurassique proprement dit — sup.	Diceras et Ostrea virgula.		
	3. Crétacé. — inférieur.	Ammonitides déroulés. Crioceras et Ancyloceras.		
	3. Crétacé — supérieur.	Oursins. Micraster, Ananchytes. Belemnitelles pointues.		
IV. Terrains *tertiaires* ou *néozoïques*, c'est-à-dire à faune et à flore d'âge récent. Climats de moins en moins chauds. Règne des Mammifères et des Végétaux à fleurs. Les bassins des mers sont nettement séparés en Europe. Les roches sont formées de sable, d'argile, de calcaire et de grès. Beaucoup d'éruptions.	1. Éocène, règne des nummulites et des tapiridés. — inférieur.	Nerita schmideliana.	Éruption des roches vertes, serpentines et ophites.	Formation des Pyrénées.
	1. Éocène — supérieur.	Nummulites de grosse taille. Paleotherium.		
	2. Miocène, âge des porcinés. — inférieur.	Cerithium plicatum.	Éruption des Basaltes de l'Auvergne.	Formation des Alpes et du Jura.
	2. Miocène — supérieur.	Ostrea crassissima.		
	3. Pliocène, règne des proboscidiens. — inférieur.	Congéries.	Grandes éruptions de l'Auvergne.	Format. du sud de l'Apennin. — Apparition du Pas de Calais et du détroit de Gibraltar.
	3. Pliocène — supérieur.	Débris d'Elephas meridionalis.		
V. Terrains *quaternaires* ou *contemporains de l'homme*. Climat froid et pluvieux au début. Grands glaciers. Les roches sont alluviales, c'est-à-dire de transport.	Inférieur.	Elephas antiquus.	Formation des cratères de l'Auvergne. Éruption du Vésuve.	Tassement probable du grand massif alpin.
	Supérieur.	Elephas primigenius ou Mammouth. Débris d'industrie humaine.		

TABLE DES MATIÈRES

NOTIONS PRÉLIMINAIRES

PREMIÈRE PARTIE

Étude des phénomènes actuels.

CHAPITRE I

ACTION DES AGENTS EXTERNES. — PHÉNOMÈNES ATTRIBUABLES A L'AIR

CHAPITRE II

PHÉNOMÈNES ATTRIBUABLES A L'EAU

CHAPITRE III

PHÉNOMÈNES DUS AUX AGENTS INTERNES OU PYROSPHÉRIQUES

DEUXIÈME PARTIE

Histoire du passé de la terre.

25682. — Tours, impr. Mame.